Maria Pia und Alessandro Minelli

Der Bison und die Tierwelt Nordamerikas

Zeichnungen von Giorgio Scarato
und Franco Spaliviero

Südwest Verlag München

In der Reihe DIE TIERWELT DER ERDE
sind bereits folgende Bände erschienen:

DER HIRSCH und die Tierwelt Europas
DER LÖWE und die Tierwelt Afrikas
DER TIGER und die Tierwelt Asiens
DAS LAMA und die Tierwelt Südamerikas
DAS KÄNGURUH und die Tierwelt Australiens

ferner erscheinen folgende Titel:
DER WAL und die Tierwelt des Meeres
DER EISBÄR, DER PINGUIN und die Tierwelt der Polargebiete
DER HUND und andere Haustiere

Titel der italienischen Originalausgabe:
il BISONTE e gli animali dell'AMERICA SETTENTRIONALE

Graphische Gestaltung: Margherita Forestan und
Brunhild Kindermann
Redaktion: Margherita Forestan
Redaktionssekretariat: Aurora Antinucci

Übersetzung aus dem Italienischen und deutsche Bearbeitung:
Giovanna Minhard und Dr. Marcus Würmli

1. Auflage 1985

Umschlag: Manfred Metzger

ISBN 3-517-00863-X

Printed in Spain at Artes Graficas, Toledo S. A. D. L. TO: 1023 -1985

Inhalt

Nordamerika aus der Vogelschau

Für uns Europäer ist Nordamerika ein Land durchaus vertrauter Landschaften, vor allem hoch oben im Norden, wo es vergleichbare eisige Gebiete gibt wie in Nordskandinavien. Gegen Süden hin machen sie allmählich dem Nadelwald Platz. Dort finden wir neben der weißen Schneeziege das Karibu, das sich nur geringfügig vom lappländischen Rentier unterscheidet, und wir begegnen dem Luchs und dem Wolf.
Wenn wir unsere begonnene Reise fortsetzen und in Gedanken dem Verlauf der Rocky Mountains folgen, so gelangen wir zu den Laubwäldern, die mit ihrer Vielfalt an Baumarten keine Entsprechung in Europa haben. Hier leben der Grizzly, dessen helles Kleid die enge Verwandtschaft mit unserem Braunbären vertuschen möchte, und der Wapiti, die kräftige amerikanische Rasse unseres europäischen Edelhirsches.
Dann beginnen die wirklichen Unterschiede mit den großen Katzenarten, die bestens durch den gewandten Puma vertreten sind, und der ungewöhnlichen Vielfalt an Bären und Hirschen.
In den weiten Prärien treffen wir dagegen auf die Gabelantilope, eine letzte Überlebende einer alten Huftierfamilie, halb Antilope, halb Gemse: Sie läuft so schnell wie die eine und ist so ausdauernd wie die andere.
Ein Überlebender ist im Grunde auch der Bison, der vor bald einem Jahrhundert von der vollständigen Ausrottung bedroht war und sich buchstäblich in letzter Minute retten konnte. Aber wir werden nie mehr erleben, daß große Bisonherden die unendliche Weite der grünen Prärie schwarz färben. Dort lebten sie viele Jahre in Gemeinschaft mit den verschiedensten Indianerstämmen, um dann wie diese ein Opfer des vordrängenden weißen Mannes und seiner Eisenbahn zu werden, die von der atlantischen bis zur pazifischen Küste reichte. Ihr Schicksal ist die traurige Folge der legendären Eroberung des Wilden Westens.
Überall, in jedem Winkel der Prärie, leben noch unglaublich viele Zieselarten in ihren labyrinthartigen, unterirdischen Bauten. Ihr Kleid mag einfarbig oder gestreift sein, doch alle tragen einen schönen buschigen Schwanz und zeigen eine unverwechselbare, unermüdliche Betriebsamkeit.
Dort, wo der Pflanzenwuchs spärlicher, das Klima wärmer und trockener wird und das Land allmählich in die Wüste übergeht, treffen wir den Koyoten und den Erdkuckuck, diesen unglaublichen Vogel mit den Straußenfüßen und dem boshaften Blick. Dann betreten wir die wirkliche Wüste, den Lebensraum sonnenhungriger und wärmebedürftiger Reptilien, niedlicher kleiner oder riesiger gefährlicher Echsen wie der giftigen Gila-Krustenechse. Dies auch ist das Land der Klapperschlangen.
Dazwischen werfen wir einen Blick auf Flüsse und Seen, bewundern die Staudämme der Biber in Kanada, um dann den langsamen

1 Elch
2 Grizzly
3 Schneeziege
4 Vielfraß
5 Lemming
6 Weißkopf-Seeadler
7 Schneeschuhhase
8 Amerikanischer Uhu
9 Baribal
10 Wolf
11 Kanadagans
12 Eisfuchs
13 Karibu
14 Dickhornschaf
15 Präriehund
16 Waschbär
17 Biber
18 Rothörnchen
19 Silberdachs
20 Kalifornischer Eselhase
21 Gabelantilope
22 Bison
23 Amerikanischer Graureiher
24 Weißwedelhirsch
25 Puma
26 Kojote
27 Halsbandpekari
28 Mississippi-Alligator
29 Erdkuckuck
30 Klapperschlange
31 Streifenskunk

Nordamerika ist die Heimat des Bisons. Seine jüngste Geschichte ist unauflösbar mit dem Leben der Indianer und der abenteuerlichen Eroberung des Wilden Westens verknüpft. Aber Nordamerika hat noch mehr Lebensräume als nur Prärien. Es reicht von den kalten arktischen Gebieten im Norden, wo Füchse und Elche leben, bis zu den Wüstengebieten im Süden, wo die Gila-Krustenechse und die Klapperschlangen ihre Heimat haben.

2
3
4
5
6
7
8
9
10
11
12
13
14
15
16
17
18
19
20
21
22
23
24
25
26
27
28
29
30
31

Bewegungen des Alligators im trägen Mississippi zu folgen. Wir bestaunen den großen gepanzerten Fisch, den ein Netz soeben an Bord des Bootes geworfen hat. Es ist ein kräftiger Knochenhecht, ein weiteres Tier aus vergangenen Zeiten, ebenso ein lebendes Fossil wie der Kahlhecht mit dem Augenfleck am Schwanz.
Weiter südlich, gegenüber dem Golf von Mexiko, erwarten uns die undurchdringlichen Mangrovensümpfe am Rande Floridas. Es sind Feuchtgebiete, wo Flamingos und Rosalöffler mit bunten Reihern zusammen anzutreffen sind. Dort winden sich Schlangen um Äste, als wären sie braune, gelbe oder grüne Lianen, die wir überall im Pflanzengewirr antreffen.
Wir befinden uns bereits in einer Welt, die mit ihrem Formenreichtum und ihrer Farbenpracht die südamerikanische Tierwelt ankündigt. Für den Erdkundler liegt die Grenze zwischen Nord- und Südamerika, die in der zerklüfteten mittelamerikanischen Region nur schlecht erkennbar ist, bei der Landenge von Panama. Diese schmale Brücke hat den Vorbeizug vieler Tierarten erlebt. Vor allem wanderte die Tierwelt Südamerikas nach Norden bis nach Mexiko und noch weiter hinauf. So hat ein Gürteltier die Vereinigten Staaten erreicht, ein Kolibri seine Heimat in Kanada gefunden... Wer könnte ihnen ein solches Vordringen auch verbieten?

2

1

3

4

Der Mensch hat das Aussehen der Prärien vollkommen verändert (2), aber es ist ihm noch nicht gelungen, die abgelegenen Gebirge (1), die eisigen Gebiete im Norden, die Wüstenzonen (3, 4) und die dichten Sumpfwälder der Everglades (5) in empfindlicher Weise zu schädigen.

5

Tundren und Wälder im hohen Norden

Wir begegnen ihnen stets in Gruppen, fast als wollten sie sich verzweifelt vor der unerbittlichen Kälte schützen. Es sind die Moschusochsen mit dem dichten Pelz, die Karibus mit den großen Geweihen oder die kleinen weißen Alpenschneehühner. Nur wenige Wochen dauert die eisfreie Zeit; dann sprießen zarte grüne Blätter, und unvermutete Glockenblumen erblühen in der Sonne. Wir betreten den Wald, in dem Tannen, Fichten und Lärchen ihre Schatten werfen. An den Hängen der felsigen, schneebedeckten Berge lichtet sich der Wald und wir sind in der Heimat der Bären und der Schneeziege, die wie alle Bergbewohner besonders kräftig und ausdauernd ist.

1 Schneeziege
2 Vielfraß
3 Wolf
4 Elch
5 Karibu
6 Moorschneehuhn
7 Amerikanischer Uhu
8 Rotfuchs
9 Grizzly
10 Urson
11 Luchs
12 Dickhornschaf
13 Eisfuchs
14 Nerz
15 Lemming
16 Mauswiesel
17 Schneeschuhhase

1

2

Das Schaf mit den großen Hörnern

Es ist ein noch junges, erst zwei Monate altes Lamm, doch schon beginnen auf seiner Stirn zwei Hörner zu sprießen. Sie sind Waffe und zukünftiger Schmuck des erwachsenen Schafes und prächtige Trophäe des noch in weiter Ferne liegenden Alters. Wir haben einen sehr jungen Bock des Dickhornschafes vor uns. Unter dem wachsamen Blick der Mutter lebt er mit den älteren Brüdern und Schwestern in der Herde. Die steinige, nur spärlich mit Gras bewachsene Weide erstreckt sich bis an den Fuß der steilen Felsen. Die höhergelegenen, felsigen Gipfel jenseits der letzten Schluchten erreicht nur die weiße Schneeziege.

Zu Beginn des Winters geben die alten Böcke das Leben als Einzelgänger auf und schließen sich der Herde aus Weibchen und Jungen an, die noch kurze Hörner haben. Der trockene Knall der Hörnerstöße, die bis ins Tal hinab zu hören sind, sagt uns, daß zwei Altböcke sich in einem verbissenen und gefährlichen Kampf messen, um die noch unklare Rangordnung festzulegen. Die wirkliche Verantwortung für die Herde aber trägt ein kluges und vorsichtiges weibliches Altschaf. Da alle höhergelegenen Weideplätze nunmehr schneebedeckt sind, muß die Herde weiter ins Tal absteigen, wo

Die Kämpfe der Dickhornschafe

Unter den Augen einer Gruppe von Alaska-Dickhornschafen mit dunklem Fellkleid . . .

. . . und einer anderen Herde mit hellerem Kleid . . .

. . . kämpfen zwei Böcke mit Hörnerstößen um einen höheren Platz in der Rangordnung der Herde.

Sträucher und niedrige Bäume auch in der ungünstigen Jahreszeit genügend Nahrung bieten. Im Frühjahr verlassen die Böcke die Herde und ziehen in kleinen Gruppen davon. Doch für alle ist nun wieder die Zeit gekommen, um die abschüssigen Steilhänge zu erklimmen, hinauf zu den Weideplätzen, wo eine milde Sonne das Leben erneut zum Erblühen bringt. Doch Vorsicht vor Bären und Luchsen, Wölfen und großen Adlern, die hoch am Himmel kreisen! Eigentlich können sich die Dickhornschafe gegen alle diese Feinde verteidigen durch Fußtritte und Hornstöße, vor allem aber auch durch Flucht in felsiges Gelände.

Die Schneeziege

Der Neuschnee ist das eisige Getränk, mit dem sie ihren Durst stillt, die harten Blaubeerbüsche sind ihre Lieblingsnahrung, die steinigen Plateaus oberhalb der Baumgrenze ihre felsige Behausung: Mehr verlangt sie nicht, die Schneeziege.

Aus dem Weiß ihres Haarkleides stechen die schwarzen Augen, die Nase, die kurzen Hörner und die sicheren Hufe dieses Bergkletterers hervor. Mit Hörnerstoßen weiß sie sich auch gegen die Angriffe des gefährlichen Grizzlybären, des Adlers und des Luchses zu verteidigen. Aber lang auszuruhen oder einen Augenblick der Unachtsamkeit kann sie sich nicht einmal unmittelbar nach der Geburt erlauben. Schon zehn Minuten nach der Geburt stellt sich die junge Schneeziege auf die Beine und bereits nach einer halben Stunde fängt sie an umherzuspringen.

Die Böcke dieser Bergziegenart (1) verdienen durchaus die Bezeichnung »bighorn«, was »Dickhorn« bedeutet. Die Weibchen (2) haben dagegen kurze gerade Hörner. Sie sind Herdentiere, gute Springer und Kletterer, die sich in nur schwer zugänglichen Gebieten aufhalten. In den Bergen Westkanadas begegnen wir der Schneeziege (3), einer Verwandten der Gemse, die aber durch einen langen und dichten Fellmantel gut geschützt ist.

3

Das Karibu

Ob vielleicht unter dem Schnee etwas Freßbares liegt? Mit den Hufen scharrt das Karibu am Fuße eines Busches und hofft etwas zu finden, das seinen quälenden Hunger stillt. Vielleicht findet es eine Knospe oder eine Wurzel. Dann zieht es weiter, zusammen mit den anderen Karibus, in den waldreichen Süden, wo die Kälte nicht so erbarmungslos eisig ist. Dort gibt es ausreichend Baumrinden, Blätter und Moos, um den schrecklichen Winter zu überstehen. Doch sobald das Tauwetter einsetzt, wird der Instinkt das Karibu wieder nach Norden führen. Die Tundra wird dann durch die Wärme der Sonne in einen blühenden, nebligen Sumpf verwandelt, in unerwartete Weiden mit zarten, kurzlebigen Gräsern: Bei dieser Verabredung darf das Karibu nicht fehlen.

Das Karibu ist ein schöner, kräftiger Hirsch, der amerikanische Bruder des europäischen und asiatischen Rentieres. Festlich sieht das stark gegabelte Geweih aus, mit dem sich Männchen wie Weibchen schmücken. Bei jenen Rassen, die in den weiten Gebieten des äußersten Nordens heimisch sind, ist das Geweih länger und leichter als bei den südlicheren Tieren.

Das Karibu verbringt fast sein ganzes Leben in der Herde. Fühlt jedoch ein Muttertier am Ende der fast achtmonatigen Tragzeit den Augenblick gekommen, da das Junge das Licht der Welt erblicken soll, so zieht sie sich zurück, um das freudige Ereignis allein zu erwarten und mit ihrem Jungen zwei oder drei Tage abseits der Herde zu verbringen. Dann sucht sie wieder ihre Schicksalsgefährtinnen auf, die anderen Mütter, die gleichzeitig mit ihr ein Junges geboren haben. Und nach und nach kehren Mütter und Kinder wieder zur Herde zurück und fahren mit dem Vagabundenleben fort.

1

Kleine Bewohner hoher Berggipfel

Zwischen den Felsen leben arktische Ziesel . . .

der Schneehase, hier im Sommerkleid . . .

. . . während die Lemminge sich in ihrer unterirdischen Höhle verstecken: der lange Winter wird vorübergehen!

Ein Halsbandlemming mit seinem Jungen

Die drolligen Annäherungsversuche der Sibirischen Lemminge

Es ist Winter: der Schneehase in seinem weißen Fell erkundet die verschneiten Gebiete . . .

Ein Kleid für jede Jahreszeit

Der Eisbär trägt ein Fell, das so weiß ist wie die Eisberge, zwischen denen er das ganze Jahr verbringt. Die Wüstenbewohner haben oft die Farben des Sandes, der sich endlos weit um sie herum ausbreitet. Grün wie Blätter sind dagegen viele Heuschrecken, deren Leben sich zwischen den Stengeln und Gräsern einer Wiese vollzieht. Oftmals zeigen die Tiere jene Farben, die in ihren Lebensräumen vorherrschen. Und dies ist wichtig in all den Fällen, wo es ratsam ist, unbemerkt zu bleiben. Lebensnotwendig ist es für die vielen Geschöpfe, die leicht zur Beute unbarmherziger Räuber werden, aber genauso lebensnotwendig für die Jäger selbst, um nicht zu früh entdeckt zu werden und Gefahr zu laufen, nichts in den Magen zu bekommen.

In den nördlichen Gebieten ist der Boden viele Monate lang von Schnee und Eis weiß gefärbt und nur während des kurzen Sommers zeigt er sein braunes Kleid mit Gras- und Blumentupfen. Da gibt es kein Tarnkleid, in dem man zu allen Jahreszeiten sicher sein kann. Doch auch hier gibt es einen Ausweg, denn man braucht nur das Kleid zu wechseln, sobald die Aufeinanderfolge der Jahreszeiten eine Veränderung der Farben in der Natur mit sich bringt.

Das Hermelin weiß das genau; es legt im Frühjahr den weißen Wintermantel ab und zieht ein braunes Kleid an. Aber es ist nicht das einzige Tier, das diesen Trick kennt. Da ist auch das Amerikanische Alpenschneehuhn, das am Ende des Winters sein weißes Gefieder ablegt und durch ein braungeflecktes, dem Sommer angemessenes ersetzt. Da sehen wir auch den Schneehasen, der die gleiche List benutzt. Und auch der Eisfuchs tauscht im Sommer seinen weißen Winterpelz gegen ein prächtiges Fell mit oftmals blauen Tönen ein.

Zu den verschiedenen Hirscharten, die in Nordamerika leben, gehört der Wapiti (2), eine Unterart unseres europäischen Rothirsches. In den nördlicheren Gebieten ist der Elch (1) weit verbreitet. Er stellt die kräftigste Hirschart dar und kann mehr als zehn Zentner wiegen. Das Geweih des Elchs kann eine Spannweite von eineinhalb Metern erreichen.

2

1

Bärenleben

Die Bären in Alaska sind mit dem Wasser sehr vertraut, wo sie mit Vorliebe Lachse fangen

2

Die Bären

Für die Bären ist der Winter eine Jahreszeit, die sie an einem gutgeschützten, dunklen Ort verschlafen. Dort warten sie träge auf den Frühling, der schließlich das Tauwetter bringen wird und die üppige Blüte, das Auftauchen Tausender Insekten, die von Blume zu Blume fliegen, und den Gesang unzähliger verliebter Vögelchen in den Wäldern. Wir wissen nicht genau, wie tief die Winterruhe des Bären ist. Der Hauch eines lauen Lüftchens nach einem langen Schneefall kann manchmal schon genügen, um den alten Grizzly und seinen nicht unerheblichen Hunger zu wecken.
Es ist allerdings nicht schwierig, seinen Geschmack zu treffen. Sicher, nichts schmeckt ihm besser als ein Lachs, den er gerade in den kalten Fluten eines Flusses gefangen hat. Aber wenn ihn ein anderer Bär, der stärker ist als er, zum Verlassen seiner Fischgründe gezwungen hat... nun gut, dann wird er sich mit Knospen oder

Schon als Bärenkinder lernen sie, wie man sich im Fluß verhält . . . Beanspruche nie ein Territorium, in dem bereits ein anderer Bär fischt . . .

. . . sonst gibt es einen Zweikampf, und der geht nicht immer gut aus!

Wurzeln, Pilzen und kleinen Bodentieren zufriedengeben, schlimmstenfalls auch mit den Überresten eines toten Tieres. Vielleicht bekommt er später etwas Leckeres, im Hochsommer, wenn die Bienenstöcke voll köstlichem Honig sind und er ihn mit etwas Kraft und List den wilden Bienen stehlen kann.

Der Grizzly (1), über dessen Gefährlichkeit viele Märchen verbreitet wurden, ist nichts anderes als eine Unterart unseres Braunbären. Entsprechendes gilt auch für den riesigen Kodiakbär in Alaska. Eine völlig andere Art ist dagegen der Baribal (2). Der gefräßigste Jäger des Nordens ist aber der Vielfraß (3).

Ein sympathischer Einzelgänger

Kleiner und weniger angriffslustig als der Grizzly, aber wie dieser ein Freund der Nacht und der Einsamkeit der Wälder, ist der Baribal, ein sympathischer Bewohner der Wälder und Sümpfe Alaskas, Kanadas und der Gebirgszonen der Vereinigten Staaten.
Wenn wir ihn kommen sehen mit seinem eher langsamen und trägen, fast schaukelnden Gang, so vermuten wir in ihm keinen sehr ausdauernden Athleten. Und doch braucht er sich nicht zu verstekken, wenn es darum geht, schnell auf einen Baum zu klettern, um Nahrung und Schutz zu suchen. Und gerne springt er auch ins kalte Wasser der Flüsse und Bäche, um Lachse zu fangen.
Der Baribal scheint immer Hunger zu haben, aber nie so sehr wie im Herbst, wenn er sich auf den langen Winterschlaf vorbereitet. Dann ist ihm alles Eßbare willkommen und jegliche Höhle, sogar ein Schneeloch ist ihm als Schlupfwinkel bis zum Frühling recht.

3

1

Der lautlose Schritt des Luchses

Den Schneeschuhhasen müßten wir fragen, wie der schnelle, sichere und lautlose Schritt des Luchses auf ihn wirkt. Die breite Fußsohle verhindert ein Einsinken selbst noch bei weicher Schneedecke. Darum also bemerkt der arme Hase den Prankenschlag zu spät, der sein Leben beenden wird. Die Luchse sind so gierig nach Hasen, daß nur rasender Hunger sie davon überzeugen kann, ihn auch anderweitig zu stillen. Eine Wühlmaus oder einen Vogel kann der Luchs sicherlich fangen oder ein junges, vom strengen Winter geschwächtes Karibu. Und immer wieder liegen am Rande der halbvereisten Sümpfe die Überreste eines alten Elches. Ist die Beute zu groß, um auf einmal gefressen zu werden, so deckt der Luchs sie mit Laub oder Schnee zu, und der Frost in Alaska sorgt dafür, daß die Vorräte wie in einem Kühlschrank frisch bleiben.

Vorsichtig und scheu wie alle erfolgreichen Jäger streift auch der Luchs lautlos durch die eisigen Wälder des Nordens. Nur die Paarungszeit läßt ihn alle Vorsicht vergessen. Dann benimmt er sich gar nicht wie ein erbarmungsloses, stolzes Raubtier, sondern erfüllt die Luft mit Lauten, die seine Verwandtschaft mit den Katzen sehr deutlich verraten...

Etwas kürzere Beine, ein nicht so langes Fellkleid, eine schöne rotbraune Farbe und vor allem ein kurzer, plumper Schwanz unterscheiden den Rotluchs deutlich vom gewöhnlichen nordischen Luchs. Wir erkennen sofort, daß dieses Tier in den dichten Wäldern heimisch sein muß, wo der Schnee nicht bis ins späte Frühjahr liegen bleibt. Hier ist es einfach, Hasen zu jagen, die sich außerhalb ihres unterirdischen Baues zeigen, oder Eichhörnchen bis in ihre luftigen Verstecke zu verfolgen. Manchmal nutzt der Rotfuchs auch die Gelegenheit, eine unvermutet gefundene und einladende Felsenhöhle zu untersuchen und sich den Bauch mit Fledermäusen vollzuschlagen. Aber im Grunde genommen, ist auch er eine große Katze, flink und leise, die den Wunsch, das Maul zu einem klangvollen Miauen aufzureißen, nur schlecht verheimlichen kann...

Arktische Greifvögel

Der Amerikanische Uhu baut sein Nest auf Ästen...

... stürzt sich aber lautlos zu Boden, um eine Schlange zu erbeuten...

... oder ein unvorsichtiges Mäuschen, das sich zu weit ins Freie gewagt hat

Fast in allen Gebieten Alaskas und Kanadas treffen wir auf den Luchs (1, 2 und 3). Sein natürlicher Lebensraum sind die dichten Nadelwälder der nördlichen Breiten. Als Nachtjäger verbringt er den Tag versteckt zwischen den Wurzeln eines umgestürzten Baumes oder er liegt auf einem niedrigen Ast. Der Luchs klettert gut und lauert nicht selten im Laub der Bäume auf Beutetiere, auf die er sich mit katzenhafter Geschicklichkeit stürzt. Aber er jagt auch im Schnee und, wenn nötig, im Wasser, weil er recht gut schwimmen kann. Der Schneeschuhhase ist seine Lieblingsbeute, und wenn es wenig Hasen gibt, so gerät auch der Luchs in Schwierigkeiten, da er dann nicht ausreichend Nahrung findet. Dadurch geht sein Bestand zurück. Weniger jagende Luchse bedeuten weniger Probleme für den Schneeschuhhasen, der sich dadurch schnell wieder vermehrt, was sich dann wieder günstig für den Luchs auswirkt . . . und so weiter, mit Höhen und Tiefen für beide Tierarten wie besonders die Pelzjäger wissen!

2

3

Rauhfußkauz

Bartkauz

Schnee-Eule

Lemminge und Wildgänse sind ihre bevorzugten Beutetiere

Die Schnee-Eule

Weiß und still, wie die weiten Gebiete der schneebedeckten Tundra, kreist sie einsam in der Luft auf der Suche nach Nahrung. Jetzt hat sie einen jungen Lemming entdeckt. Er hat seinen Bau in der Hoffnung verlassen, genügend Flechten zu finden und damit seinen Hunger zu stillen. Aber er wird nie erfahren, ob es seinen Brüdern gelingt, ihren Hunger zu besänftigen, denn sein Schicksal ist besiegelt. Die Schnee-Eule schlägt lautlos zu. Als Nest für ihre weißen Eier genügt ihr eine kleine Erdmulde, die recht und schlecht mit etwas Moos ausgepolstert wird.

Hunger, oder Jäger und Beute
Nicht einmal der Elch kann sich retten, wenn ein Rudel hungriger Wölfe ihn angreift

Im Geäst eines Baumes trotzt der Marder den langen Stacheln des Ursons. Der Zusammenstoß ist immer heftig . . . wie immer gewinnt der Stärkere

Sechs verschiedene Fuchsarten leben in Nordamerika. Am weitesten verbreitet ist der Rotfuchs (1), der auch in Europa vorkommt. Der Eisfuchs (2) ist mit seinen kurzen Ohren und dem gedrungenen Körper gut an das arktische Klima angepaßt. Weitere Säugetiere sind das Mauswiesel (4) und der Nerz (3), der vor allem an See- und Flußufern und in Sümpfen lebt.

Zwei Vettern im Vergleich, fast ein Familienbild

der Fichtenmarder

der Fischermarder

1

Der Eisfuchs

Es ist nicht leicht, das rauhe Klima der Tundra oder der eisigen Tannenwälder im hohen Norden zu ertragen. Es ist auch nicht leicht, etwas Eßbares zu finden, sich einen Unterschlupf zu besorgen, sich vor dem klirrenden Frost oder vor gefährlichen Raubtieren zu schützen. Einzelgänger haben es da schwer. Besser ist es, wie die Karibus das Leben in Gemeinschaft zu verbringen oder sich einem großen Rudel anzuschließen, wie es die Moschusochsen tun. Aber der Eisfuchs mit seinem eigenbrötlerischen und unabhängigen Wesen scheint sich um diese Ratschläge nicht zu kümmern. Äußerstenfalls finden wir eine kleine Gruppe von zwei oder drei Tieren. Ihr scharfer Geruchssinn hat sie aus verschiedenen Richtungen zum selben Elchgerippe geführt. Sie nagen es ab, ohne voneinander groß Notiz zu nehmen. Und am Ende der Mahlzeit wird ein jeder seiner Wege gehen, alleine und stolz, so wie er gekommen ist.
Die Eisfüchse sind gut ausgerüstet, um dem Leben in der Tundra trotzen zu können. Ihr Körper ist wuchtig, Beine und Ohren sind

kurz, um möglichst wenig Oberfläche dem Frost auszusetzen. Das Fell ist dicht, und stark behaart sind auch die kleinen Kissen unter den Pfoten, fast wie warme Pantoffeln, um Erfrierungen zu vermeiden. Im Mai oder Juni, wenn die Jungen geboren werden, bleibt Mutter Fuchs einige Zeit im Bau und versorgt die Jungen. Sie kann aber auf die Hilfe des Vaters zählen, der stets bereit ist, zum Schutz seiner Lieben Wache zu halten. Sonst jagt er in der Umgebung und besorgt Nahrung für die Familie. Die jungen Füchse wachsen schnell heran, und schon Mitte August kommen sie allein zurecht.

Jäger und Beute

Wir können nicht vom Fuchs erwarten, daß er wie die Wölfe im Rudel jagt. Niemals würde er die strengen Gesetze akzeptieren, die das Leben in der Gruppe bestimmen, nie auf seinen Charakter verzichten, der keinerlei Rangordnung und keinen Herrn zuläßt. Der Wolf kann aber dem großen Karibu oder gar dem Elch nachstellen, denn im Rudel jagt es sich leichter. Der Fuchs hingegen gibt sich mit kleinerer Beute zufrieden, falls er seinen Hunger nicht mit saftigen Beeren, Heuschrecken oder Aas stillt. Weder den Fuchs noch den Wolf werden wir auf Bäume klettern sehen, um Eichhörnchen oder Ursons zu jagen. Denn dies ist der Lieblingssport des Fischermarders, und es schickt sich nicht, sich in anderer Leute Angelegenheiten einzumischen. Es gibt nur ein gefährliches und anmaßendes Geschöpf, das wirklich auf niemanden Rücksicht nimmt und erbarmungslos alles frißt, was ihm vors Maul kommt, ganz gleich ob Eichhörnchen, Vögel, Eier, Wurzeln, Hirsche oder Biber: Nicht zufällig nennen wir dieses Tier Vielfraß.

3

4

2

Die Gebirge

Der Herbst verändert jedes Jahr die Bergwälder; am auffälligsten sind die flammenden Blätter des Rotahorns, die einen prächtigen Kontrast mit dem Gelb, Ocker und Braun der anderen Laubbäume bilden. Es ist die Jahreszeit, in der das Unterholz von Beeren strotzt. Mit ihnen schlagen sich die Tiere vor der langen Winterpause den Bauch voll. Das ist auch die Jahreszeit, in der viele Vögel sich auf den Zug nach Süden vorbereiten, wo sie Wärme und Nahrung suchen. Das Eichhörnchen hat sich bereits in seinen Kobel zurückgezogen.

1 Steinadler
2 Gleithörnchen
3 Schwarzwedelhirsch
4 Puma
5 Waschbär
6 Weißwedelhirsch
7 Pfeifhase
8 Rothörnchen
9 Ziesel
10 Weißkopf-Seeadler
11 Graufuchs
12 Murmeltier

Die große Katze ohne Flecken

Es kommt häufig vor, daß ein junges Tier im Aussehen stärker an seine Vorfahren erinnert als das erwachsene Tier, das seine endgültige Gestalt angenommen hat. Manche meinen sogar, daß es auf diese Weise möglich sei, in groben Zügen die ganze Entwicklungsgeschichte seiner Art zu rekonstruieren. Schon möglich. Sicher ist, daß die Jungen des Pumas ein geflecktes Fell haben, wie es ihre Vettern in Afrika oder Asien, die Leoparden, das ganze Leben lang tragen. Die heranwachsenden Pumas hingegen legen allmählich das schlichte, einfarbige und gleichwohl elegante Fellkleid an, das für ihre Art typisch ist.

Der Puma ist eine riesige, flinke und kräftige Katze, die sich den verschiedensten Klimatypen anpaßt. Von der Hauskatze hat sie Ausdruck und Bewegungen, die Lust am Spiel und die Fähigkeit, genau und schnell zu springen. Wir treffen den Puma auf den tannenbedeckten Anhöhen an der Grenze zwischen Alaska und

Im äußersten Süden Nordamerikas treffen wir manchmal den Jaguar, die größte Katzenart Amerikas, doch seine eigentliche Heimat liegt in Südamerika. Unter den in Nordamerika verbreiteten Katzenarten ist der Puma (1 und 3) zweifellos die größte. Er ist ein sehr anpassungsfähiges Tier, und wir finden ihn sowohl in den Sümpfen des subtropischen Gürtels als auch im nördlichen Hügelland, in lichten wie in dichtbewaldeten Gebieten. Als ausschließlicher Fleischfresser bevorzugt er größere Beutetiere, gibt sich aber, wenn nötig, auch mit Mäusen, Vögelchen und sogar Heuschrecken zufrieden. Er ist ein ausgezeichneter Kletterer und Springer, schwimmt aber nicht so gerne wie andere Katzenarten. Der Puma greift auch einen so starken Gegner wie den Baribal (2) an.

1

2

Der Herbstzug der Raubvögel entlang der Appalachen-Kette

Die Klauen der Raubvögel sind stets bereit, die Beute zu packen und zu Boden zu werfen; der kräftige Schnabel vollendet das Werk

Kanada. Er begleitet uns nach Süden, durch die trockenen Gebiete der Rocky Mountains, die feuchten Tropenwälder Mittelamerikas, die Berge und Täler der Anden, bis ins äußerste Patagonien.
Jede Stunde, bei Tag oder bei Nacht, ist für den Puma die richtige Zeit, um auf Jagd zu gehen. Manchmal ist er faul und liegt stundenlang unbeweglich auf der Lauer. Er wartet, bis eine Beute vorbeikommt, die groß genug ist, um die Mühe der Jagd zu lohnen.
Um so besser, wenn es ein Hirsch ist. Aber oft zwingt der Hunger den Puma, meilenweit umherzustreifen, und dann gibt er sich auch mit einem stacheligen Urson, einem kleinen Säuger oder einem jungen Waschbären zufrieden; wenn die Not groß ist, frißt er sogar Heuschrecken oder ein Mäuschen.

Ein Schnabel, um zu überleben

Wie vielseitig ein Schnabel zu verwenden ist, wissen nur wenige Vögel besser als der Specht. Das gilt vor allem für eine Spechtart, die überall in den großen Laubwäldern Nordamerikas zu Hause ist. Dieser Vogel hat es gelernt, vom süßen, durststillenden Saft zu trinken, der aus Baumwunden quillt. Besonders im Stamm des Ahorns fließt ein zuckersüßer Saft, aus dem sogar wir Menschen den Ahornsirup gewinnen. Die Rinde dieses Baumes gibt leicht den hämmernden Schnabelschlägen des Spechtes nach. Es ist übrigens derselbe Schnabel, der blitzschnell Dutzende kleiner Insekten aufstöbert und vertilgt. Und wiederum derselbe Schnabel vergrößert kleine Höhlungen in einem alten Baumstamm oder hackt eine völlig neue Höhle, welche die weißen Eier aufnehmen kann.
Den Kolibris, die aus den fernen Tropen eine Vorhut bis hierher an die Hänge der Rocky Mountains geschickt haben, dient der Schnabel dagegen zum Saugen des kostbaren Blütennektars, wobei sie unbeweglich in der Luft schwirren.
Die Natur hat den Schwarzkopfknacker mit einem wirklichen Nußknackerschnabel ausgestattet, und er benutzt ihn eifrig zum Öffnen von Fruchtschalen, die leckere und fleischige Samen enthalten. Der Trupial und der Rabe hamstern mit Hilfe des Schnabels alles

3

1

In Nordamerika gibt es sehr viele Hörnchenarten: zum Beispiel das Rothörnchen (1), das Chickaree (3) und das Arizona-Grauhörnchen (5). Einige haben sich auf ein Leben am Boden eingerichtet (4, Goldmantelziesel), andere können in der Luft gleiten (Gleithörnchen, 2).

Genießbare, Falke und Bussard zerlegen mit ihrem Schnabel die Beute, die sie zuvor mit einem sicheren Krallenhieb getötet haben. Nur von Sonnenaufgang bis Sonnenuntergang sind sie aktiv. Nachts hingegen tritt an ihre Stelle der große Amerikanische Uhu. Und am Waldrand wird sich der Ziegenmelker bis zu den Weidezäunen vorwagen, wo das Vieh die Nacht verbringt und die Luft voll eßbarer Mücken ist.

Eichhörnchen, Eichhörnchen, nichts als Eichhörnchen

In den Wäldern Nordamerikas leben viele Eichhörnchen mit langem buschigen Schwanz, die auf hohen Ästen flink wie Akrobaten klettern – genauso wie ihre Vettern, denen wir in unseren Wäldern und Parkanlagen begegnen. Die amerikanischen Berge sind auch die Heimat kleiner Eichhörnchen mit Fallschirm, die im Gleitflug von einem Ast zum anderen segeln. Und hier sind auch die kräftigen Ziesel zuhause, die endgültig darauf verzichtet haben, den Vögeln ihren Platz in den Baumwipfeln streitig zu machen.
Viele, aber nicht alle, haben einen auffallend schönen Schwanz, den sie anmutig über dem Rücken tragen, etwa die Grauhörnchen und die kleinen Rothörnchen. Sie sind den ganzen Tag über bis abends damit beschäftigt, nach Kiefernzapfen voller Kerne oder nach Nüssen zu suchen, die sie schnell mit ihren Nagezähnen öffnen.
Einen schönen Schwanz hat auch das kleine Gleithörnchen, vielleicht das einzige Eichhörnchen, das sich nicht gerne am Boden sehen läßt, denn da fühlt es sich durch seine Flughaut ziemlich behindert. Das ist eine Art Notfallschirm, der an jeder Seite zwischen Vorder- und Hinterpfoten aufgespannt ist. Wir können ein Gleithörnchen nur während der Dämmerung durch die Lüfte segeln sehen, denn es geht im Morgengrauen in sein kleines, mit Rinden-

2

3

4

Vögel und Insekten des Waldes

stückchen ausgelegtes Nest schlafen und wird dort bis zum Abend bleiben. Im Schutz der Nacht macht es sich dann auf die Suche nach Insekten und Samen.
Weniger originell vielleicht, aber zahlreicher und bunter ist die Gruppe der Ziesel. Sie graben und wühlen geschickt im Boden und naschen gerne Samen jeder Art.
Da es leichter ist, sich am Boden zu treffen als in den Bäumen, leben die Ziesel gesellig und es kommt nicht selten vor, daß sie sich zu ausgesprochenen Kolonien zusammenschließen, wie ihre größeren Vetter, die Murmeltiere. Ein solcher Zusammenschluß hat auch Vorteile bei der Verteidigung.

5

Der Weißwedelhirsch

Es gibt nicht viele Tiere, die regelrechte Fahnen zu Signalzwecken benutzen. Zu ihnen gehört in jedem Fall der Weißwedelhirsch. Seine Fahne ist der auffällig weiß gesäumte Schwanz. Er wird erst dann erkennbar, wenn das Tier ihn plötzlich aufstellt, um so Artgenossen ein lautloses, aber wirkungsvolles Signal zu übermitteln. Zieht eine Gefahr auf, so ist es nicht angebracht, einen Laut auszustoßen, um die Familienmitglieder zu informieren. Da ist es besser, die weiße Fahne zu hissen . . . und zu fliehen. Hat das Kitz Angst, die Spur der Mutter im Dickicht des Waldes zu verlieren, so genügt es, dem weißen Nebel zu folgen, der zwischen den Ästen hindurchscheint, und ihm nachzulaufen. Einen Großteil des Jahres über leben die Böcke mit ihrem verzweigten Geweih in kleinen Rudeln abseits von Ricken und Kitzen. Nur im Winter oder während der Brunftzeit leben die Geschlechter zusammen, aber ohne große Innigkeit.

Nachbarn im Wald: Hirsche und Murmeltiere

Weißwedelhirsch

Eisgraues Murmeltier

Der Schwarzwedelhirsch

Natürlich hissen nicht alle Hirsche eine Fahne mit der gleichen Farbe. Betrachten wir zum Beispiel den Schwarzwedelhirsch mit seinen langen Ohren. Sein schöner Wedel gleicht einem Pinsel aus

1

Es ist wieder Frühling! Groß und Klein verlassen den Bau nach einem langen Winterschlaf.

2

Ein paar Sonnenstrahlen zwischen bunten Bergblumen!

hellen Borsten, der nur halb in schwarze Farbe eingetaucht wurde. Wir begegnen dem Schwarzwedelhirsch am Rande der Wälder, wo Haselnußsträucher voll nahrhafter Früchte gedeihen, wo saftige Brombeeren reifen und das Gras schneller wächst als im Schatten alter Baumriesen.

Die langen Ohren sind ständig in Bewegung und zeigen, daß das Tier dauernd auf der Hut vor Wölfen, Bären oder Pumas ist. Bei einem Angriff dieser gefährlichen Raubtiere gibt es kaum ein Entkommen, selbst im Wasser nicht, wo der Schwarzwedelhirsch allerdings ziemlich gut zurechtkommt. Doch mehr als die Zähne und Krallen der Raubtiere fürchtet er den strengen Winter, wenn der Schnee hoch liegt und die Nahrung knapp ist. Dann bleibt ihm nur das Schicksal vieler anderer Weidetiere: die Wanderung in mildere Gebiete.

Der Waschbär

Er hat die gedrungene und kräftige Gestalt eines kleinen Bären, aber der buschige, hellgrau und schwarz gestreifte Schwanz rückt ihn eher in die Nähe der Katzen. Seine Beine sind kräftig gebaut, die Krallen sehr widerstandsfähig wie bei einem richtigen Kletterer.

Sein Nest hat der Waschbär gewöhnlich in Bäumen, und dort verbringt er auch gerne viele Mußestunden oder macht Spaziergänge

3

In den Vereinigten Staaten und im Süden Kanadas ist der Weißwedelhirsch weit verbreitet (1 und 2). Wenn er Gefahr wittert, stellt er seinen buschigen Schwanz auf und zeigt die mit weißen Haaren bedeckte Innenseite. Dies bedeutet für seine Artgenossen Alarm. Für das Junge ist es eine Fahne, der es zu folgen hat, um die fliehende Mutter nicht aus den Augen zu verlieren. Die Lebensräume des Weißwedelhirsches sind Felder, Gehölze und Waldränder. Ein weiterer Bergbewohner ist das Murmeltier (3).

mit seinen Jungen. Aber von Beruf ist er Fischer und Jäger, Sammler und Straßenfeger zugleich. Vor allem mit dem Wasser ist er sehr vertraut.
Gewissenhaft gräbt er zwischen im Wasser liegenden Steinen, sammelt mit geschicktem Griff Schnecken und Würmer, fängt sprungbereite Frösche und selbst große Flußkrebse mit kräftigen Scheren. Gerne taucht er die Nahrung vor dem Essen ins Wasser, fast als wollte er ungenießbaren Schmutz entfernen, damit ihm der Happen besser schmeckt.

Der Nasenbär

Der Nasenbär ist mit dem Waschbär eng verwandt, aber seine Gestalt ist schlanker und länger. Das rötliche, braune oder graue Fell ist kürzer, der Schwanz länger und dünner, nur andeutungsweise gestreift. Unverwechselbar ist der längliche Kopf mit der großen und lustigen Nase, die stets bereit ist, Beutetiere zu wittern.
Der Nasenbär bewegt sich im Geäst der Bäume so geschickt wie am Boden. Eine große Echse packt er schnell mit einem gezielten Pfotenhieb und beißt sie ins Genick; das ist die wirkungsvolle Technik dieses Jägers. Es macht ihm aber auch nichts aus, zum Fluß zu gehen, um nach Krebsen zu suchen, oder seinen Hals zu einer weichen und saftigen Frucht hochzustrecken, die er gerne vollständig verzehrt.
Der Nasenbär ist nicht so mißtrauisch und einzelgängerisch wie sein Vetter, der Waschbär. Wie alle Tiere, die in Gemeinschaft leben, läßt er häufig seine Stimme ertönen, vor allem als junges Tier, wenn er mit seinen Altersgenossen spielt und ruhelos und lärmend wie ein Kind an Baumästen hinauf- und hinunterklettert.

1

Zähne und Schwänze

Der Pfeifhase benutzt seine Zähne, um ein Grasbündel in den unterirdischen Bau zu bringen

Ist der geringelte Schwanz dieses Katzenfretts schöner . . .

. . . oder der lange Greifschwanz des Nasenbärs?

2

Der Waschbär (1, 2 und 3) ist ein charakteristisches Tier der nordamerikanischen Berge, fast wie der Pandabär für die Berge Chinas. Zwischen den beiden Tieren besteht tatsächlich auch eine gewisse Verwandtschaft. Der Waschbär verdankt seinen Namen der gelegentlichen spaßigen Gewohnheit, seine Nahrung ins Wasser zu tauchen, bevor er sie zu sich nimmt. Das tut er aber nur, wenn er Wasser in Greifnähe hat. Er ist ein einzelgängerisches Nachttier, das sein persönliches Revier mutig verteidigt. Ähnlich wie die Bären ist er ein Allesfresser, und seine Nahrung besteht aus Früchten, Samen, Heuschrecken, Rothörnchen, Mäusen, Eiern und Vogeljungen. Im Wasser jagt er außerdem Krebse, Frösche, Würmer und sogar Schildkröten. In besonders strengen Wintern kann der Waschbär auch mehrere Tage hintereinander schlafen, hält aber sonst keinen ausgesprochenen Winterschlaf. Das Weibchen wirft normalerweise vier bis fünf Junge auf einmal; sie sind wie Bärenkinder bei der Geburt blind und völlig hilflos.

3

Ein Leben auf sechs Beinen

Von allen Berg- und Waldbewohnern sind die sechsbeinigen wohl am zahlreichsten und verschiedenartigsten. Sie sind flink, überall anzutreffen, wie die Ameisen mit ihrem komplizierten Sozialleben, oder langsam und unsichtbar, wie die tausend verschiedenen Larven, die sich ihren Weg durch das Holz alter Baumstämme oder durch das Fallaub am Boden bahnen. Sie zeigen bunte Farben wie die Fleckenfalter, die Augenfalter, die Bläulinge und Hunderte anderer Schmetterlinge; oder sie haben nur düstere Farben, die sie für das Auge eines hungrigen Vogels unsichtbar werden lassen. Manche sind lautlos, wie die meisten Käfer, die von weichen Blättern naschen, oder geräuschvoll wie die großen Zikaden, die siebzehn Jahre in der Erde bleiben, bevor sie für eine kurze Flug- und Paarungszeit Flügel ausbilden. Einige sind winzig wie die blassen, flügellosen Springschwänze, andere auffällig wie die großen Dungkäfer. Aber alle gehören zu den Insekten, den allgegenwärtigen Herrschern über eine Welt, die unendlich viel größer ist als sie. In Nordamerika leben schätzungsweise 90 000 bis 100 000 Insektenarten, darunter allein rund 700 Tagfalter.

Die großen Prärien

Der Boden ist von Höhlen durchlöchert. Es sind die unterirdischen Behausungen der Präriehunde und Ziesel. Das grüne Gras bietet Nahrung für scheue Gabelantilopen, die mit ihren kleinen, wachsamen Augen immer auf der Hut sind. Dennoch herrscht ein Gefühl der Leere. Alles scheint an die ausgerotteten Bisonherden zu erinnern, die einst zu Millionen durch das unendliche Grasmeer zogen. Dann eroberte der weiße Mann den Wilden Westen und besiegelte für immer das Schicksal der riesigen Bisonherden.

1 Bison
2 Kojote
3 Präriehund
4 Pekari
5 Präriefalke
6 Gabelantilope
7 Silberdachs
8 Flachland-Taschenratte
9 Gebirgs-Chipmunk
10 Präriehund
11 Beifußhuhn
12 Kalifornischer Eselhase
13 Ziesel
14 Kleiner Chipmunk

1

2

3

Unterirdische Städte

In der Tiefe des Waldes mit seinem Halbdunkel vollzieht sich der Übergang vom Tag zur Nacht langsam und stufenweise. Der Gesang der Vögel, die den Tag lieben, verstummt allmählich und macht den unheimlichen Stimmen der Dunkelheit Platz. Gänzlich anders ist der Tagesablauf in den Weiten der Prärie. Gräser und Büsche bieten den Lebewesen, die sich unter der sengenden Sonne ins Freie wagen, kaum Schutz. Da kann sich kein Tier blicken lassen, das nicht die Statur und Kraft eines Bisons, die mächtige Sprungkraft der Gabelantilope oder den Mut und das Gebiß des Koyoten hat. Für die anderen ist es ratsam, den Abend abzuwarten, bevor sie ihren Bau verlassen. Und selbst dann, in der Dunkelheit, bleibt die Gefahr bestehen, den Weg einer jagenden Schlange zu kreuzen oder von einem Käuzchen oder einer Eule gesehen zu werden, die gerade auf Erkundungsflug ist. Tagsüber ist das Leben im Freien noch viel gefährlicher. Da ist es auf jeden Fall besser, im unterirdischen Bau zu bleiben, in der Dunkelheit eines Erdbaues.
Dieser Bau ist vielleicht nur ein kleiner Teil einer großen Stadt, eines Irrgartens unsichtbarer Gänge, die sich da zu einer Vorratskammer verbreitern, dort hingegen als einladende Kammer für die neugeborenen Jungen dienen. Das Leben in der Gemeinschaft ist für den von großem Vorteil, der tausend Gefahren aus der Luft befürchten muß, tausend Überraschungsangriffe hungriger Raubtiere, vor denen es kein Entrinnen gibt, wenn man sich nicht versteckt hält. Dazu braucht man aufmerksame Wachposten, die rechtzeitig mit einem einfachen Ruf alle Artgenossen vor Gefahren warnen. Sofort flüchten sich alle in die engen Gänge ihrer unterirdischen Stadt.

Die Präriehunde

Neun verschiedene, meist schrille und laute Rufe, sind das Repertoire der sympathischen Präriehunde. Weil sie bellen, vermuten wir nicht, daß sie mit den Eichhörnchen und Murmeltieren eng verwandt

sind. In der warmen Jahreszeit verbringen sie die Mittagszeit im unterirdischen Bau. In leichten Schlaf versunken, erwarten sie den Sonnenuntergang, dann kommen sie heraus, gehen aber nicht weit. Denn rund um den Bau gibt es genug zu fressen, und schließlich ist es ratsam, die Pflanzen vor der Haustüre kurz zu halten, damit sich kein Raubtier im hohen Gras verstecken kann.
Die Feinde der Präriehunde sind Nachtgreifvögel, Füchse oder Rotluchse, vielleicht auch Silberdachse, denn auch sie sind daran gewöhnt, vorwiegend nachts auf Futtersuche zu gehen. Auch der Silberdachs besitzt eine unterirdische Behausung, die er ohne große Mühe gräbt, und diese Wohnung ist leicht zu finden, denn rings um den Eingang liegen noch die Reste seiner Mahlzeiten verstreut, Knochen, Haarbüschel und unverdauliche Teile einer Klapperschlange. Der Silberdachs weiß, wo die Präriehunde leben und wütet manchmal in ihrem Bau, zerstört ihn und bringt Trauer unter die Bewohner. Er selbst hat vor niemandem Angst, denn er weiß, wie kräftig sein Biß und wie stark seine Krallen sind.

Ein Spritzer Essig

Er ähnelt entfernt dem Skorpion, aber seine Taster sind nicht zu solchen Scheren umgebaut wie beim Skorpion. Und der lange bewegliche Schwanz ist nur mehr ein dünner Faden ohne Stachel und Gift.

Die schrecklichen Feinde der Präriehunde

der Rotluchs mit seinem lautlosen Gang...

der Silberdachs mit dem zähen Biß...

der wendige und schnelle Schwarzfußiltis,

der die Beute selbst aus dem sichersten unterirdischen Bau heraustreibt

Zur artenreichen Familie der Hörnchen gehören auch die Präriehunde (1, 2, 3). Sie sind Herdentiere und leben in riesigen unterirdischen Städten mit nicht sehr tiefen labyrinthartigen Gängen. Die Präriehunde ernähren sich fast ausschließlich von Gräsern, nur in Ausnahmefällen fressen sie auch Fleisch, vor allem Heuschrecken.

1

Weitere Mitglieder der Hörnchenfamilie sind die Chipmunks, zum Beispiel der Gebirgs-Chipmunk (1) und der Kleine Chipmunk (3), sowie die zahlreichen Arten der Eichhörnchen, darunter die Ziesel (2). Die Chipmunks haben wie die Hamster große Backentaschen, in denen sie Nahrungsvorräte sammeln. Sie leben überwiegend am und im Boden, aber einige Arten bauen ihre Nester in Baumhöhlen und nicht unter der Erde. Dagegen sind alle Ziesel wie auch die Präriehunde Wühler; viele unter ihnen leben gesellig. Unter der Erde spielt sich auch das Leben der Taschenratten ab, zu denen auch die Flachland-Taschenratte (4) gehört, die ihre Vorräte in umfangreichen Backentaschen unter die Erde transportiert.

Nicht, daß deswegen eine Begegnung mit dem Geißelskorpion angenehm wäre, denn er ist gut bewaffnet, um sich gegen Störenfriede zu verteidigen. Packen wir ihn bei einem seiner acht Beine, so bespritzt er uns sofort mit etwas konzentriertem Essig, der reizt und brennt. Dies genügt, um eine große Ameise oder Echse zu besiegen. Und so kann er sein langes und friedliches Leben als Nachttier fortsetzen und sich von Insekten, Tausendfüßern, Regenwürmern und Nacktschnecken ernähren. Tagsüber versteckt er sich unter Baumrinden oder in einem nicht sehr tiefen Bau, den er selbst gräbt.

2

Präriebewohner

Die Familie der Tausendfüßer

Liebende Mütter treffen wir selbst dort an, wo wir sie am wenigsten vermuten, etwa bei gefährlichen Räubern oder bei wirbellosen Tieren, die ungewohnt und primitiv aussehen. Wir erleben es bei den Katzenarten – Katze und Löwin beweisen es – und bei Spinnen und Skolopendern. Wir sollten aber auch das Weibchen des kräftigen Tausendfüßers Narceus annularis nicht vergessen, das für jedes seiner zweihundert Eier eine wirkungsvolle Schutzhülle aus halbverdauten Pflanzenresten herstellt und anschließend zu einer kleinen Kugel formt. Dieses Kügelchen behält die Mutter zum Trocknen eine Viertelstunde im Darm und legt es danach im Laub ab. Welcher Räuber könnte es dann noch von den Exkrementen des Tausendfüßers unterscheiden?

Ein kleiner Einzelgänger

Die Taschenratte ist ein emsiger Wühler und hat zwei winzige Äuglein wie viele Tiere, die fast das ganze Leben in dunklen unterirdischen Gängen verbringen. Ihre Pfoten tragen kräftige große Krallen, die selbst einen Maulwurf neidisch machen. Der Körper ist

die Kanadagans hat einen ungewöhnlich langen Hals

der Geißelskorpion verspritzt zur Abwehr eine essigähnliche Flüssigkeit

3

4

kurz und gedrungen, fast ohne Hals. Dagegen sind die Schnurrbarthaare, die auf die leiseste Berührung reagieren, sehr lang. Scharf ausgebildet ist auch das Gehör dieses Nagetiers, das zwischen einer großen Maus und einem Ziesel steht. Die Taschenratte ist nicht so gesellig und gutmütig wie der Präriehund, sondern eher störrisch und einzelgängerisch wie Dachs, Skorpion, Streifenskunk und Koyote. Einige dieser Tiere zählen zu den Feinden der Taschenratte. Um vor ihnen sicher zu sein, treibt sie ihre Gänge bis in eineinhalb Meter Tiefe, wo nur wenige sie finden können. Und dort unten, an einer verbreiterten Stelle ihres hundert Meter langen Stollensystems, legt sie große Nahrungsvorräte an, die sie in ihren großen Backentaschen transportiert. Ihre Vorratskammer ist immer gut gefüllt, sogar mehr als genug, und oftmals verderben viele Vorräte. Am Ende des Winters liegt die kurze Paarungszeit, und nur dann und auch nur für wenige Tage können wir zwei Taschenratten im gleichen Nest beobachten. Danach bricht wieder ihr eigensinniger Charakter durch, der sich selbst gegen ihre Artgenossen richtet. Auch die Jungen bleiben übrigens nicht lange bei der Mutter und sind im Alter von drei Monaten bereits erwachsen.

das Beifußhuhn ist berühmt für seine großartigen Balztänze

der Königsbussard erbeutet am liebsten kleine Nagetiere

die Westliche Strumpfbandnatter ist sehr lang, aber vollkommen friedlich

das Präriehuhn ist fast ausgestorben

1

2

Das Heulen des Kojoten

Der Kojote ist größer als ein Schakal, aber kleiner als ein Wolf und vielleicht der wahre Herr über die große Prärie. Er kann weit bis nach Norden in die kalten und schneebedeckten Gebiete vordringen, erträgt aber auch das Klima in den warmen, wüstenartigen Zonen, wo ihm tagsüber kaum ein Busch Schutz bieten kann. Am liebsten hält sich der Kojote in der Prärie auf, wo es einfach ist, Mäuse und Ziesel, schnelle Echsen und Hasen, Schlangen und große Insekten zu finden. Gibt es keine Beute in Reichweite, so begnügt er sich mit Aas, aber er scheut sich auch nicht, ein Kalb oder einen Hirsch, sogar einen Bison anzugreifen – falls er einem begegnet. Natürlich kann ein einzelner Kojote mit all seiner Kühnheit ein derart großes Tier nie allein erbeuten. Seine wahre Stärke liegt in der Gruppe, im gemeinsamen Zusammenspiel von zehn Jägern, die ihr Opfer von allen Seiten gleichzeitig in die Enge treiben und so dessen Flucht verhindern. Hat sich das Rudel zwischen Büschen oder hinter den tausend Bodenunebenheiten der Prärie verteilt, so können wir bald darauf ein kurzes schrilles Geheul hören. Dann rotten sich die Kojoten wieder zusammen und sind bereit für die Gruppenjagd. Übrigens ist es für den Kojoten leicht miteinander auszukommen, denn alle sind miteinander verwandt und kennen sich seit ihrer Geburt. Und jedes Rudel hat in der unendlichen Weite der Prärie

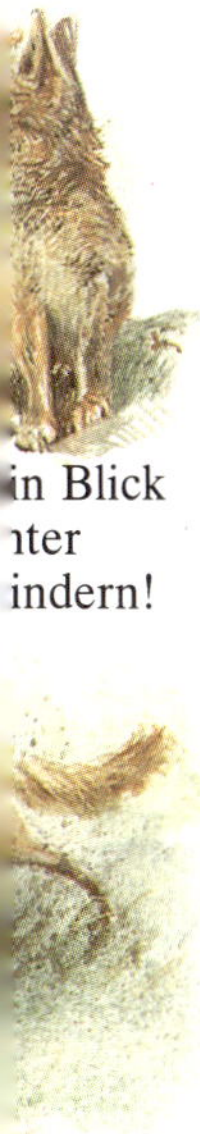

in Blick
nter
indern!

Der Kojote (1) ist ein charakteristisches Tier der Prärie und mit Wolf und Schakal und daher auch mit dem Hund verwandt. Er ist nicht sehr groß, wiegt selten mehr als zwanzig Kilo, stellt aber den besten Läufer dar. Manchmal setzen zwei oder drei Kojoten ihre Kräfte gemeinsam ein, um mit Erfolg ein großes Beutetier wie die Gabelantilope zu jagen. Oft begnügen sie sich aber mit leicht zu erbeutenden Tieren wie Hasen, Mäusen, Fröschen, kleinen Vögeln oder auch mit Aas. Eine typisch nordamerikanische Hasenart ist der Kalifornische Eselhase (2). Die Pekaris (3, Halsbandpekari) vertreten in Amerika unsere Wildschweine.

3

Wie die verwandten Wölfe drückt auch der Kojote mit seinem Schwanz seine Stimmungen aus

Vorherrschaft | Entspannung | Mögliche Aggressivität | Unterwerfung

sein eigenes Territorium, ein Jagdrevier, vielleicht mit unklaren Grenzen, aber für ihre Bedürfnisse ausreichend. Die kleinen Kojoten beginnen es im Alter von vier Monaten zu erforschen, wobei sie von der Mutter die ersten, einfachen Jagdregeln lernen.

Das Halsbandpekari

Das Halsbandpekari ist ein kurzhaariges Wildschwein mit kleiner Mähne. Sein Haarkleid ist fast schwarz mit einem sehr auffälligen weißen Kragen. Dagegen tragen die Jungen schon kurz nach der Geburt eine dunkle Decke ohne weiße Streifen, im Gegensatz zu den echten Wildschweinen. Aber wie diese sind sie wahre Allesfresser, vertilgen Früchte und Wurzeln, Insekten und kleine Tiere, ja sie verachten sogar Schlangen nicht. Gibt es reichlich Nahrung, so schließen sich die Pekaris zu festen Rudeln zusammen, die sich wieder auflösen, wenn die Nahrung knapp wird. Die Tiere des Rudels finden aber wieder schnell zueinander: Jedes Pekari scheidet aus einer Drüse am Rücken einen Stoff aus. Sobald das Tier zu laufen beginnt, verbreitet sich sein Moschusduft in der Luft, und auf diese Weise werden die Artgenossen wieder zusammengerufen.
Zu Beginn des Sommers kommen die Jungen zur Welt. Jedes Weibchen hat mehrere Junge, die bereits nach einem Tag beginnen, hinter der Mutter nachzutrippeln, allerdings noch recht ungeschickt.

1

Die Gabelantilope (1, 2, 3) ist die einzig lebende Art ihrer Familie: sie ist aber weder eine Antilope noch eine Ziege, wie man vielleicht denken könnte. Ihre Hörner sind nicht verzweigt, sondern besitzen einfach einen Vorsprung am Grund des rückwärts gekrümmten Horns. Die Gabelantilope gehört zu den schnellsten Tieren der Welt und kann eine Geschwindigkeit von einhundert Stundenkilometern erreichen. Sie ist am Tag wie in der Nacht aktiv, unterbricht aber häufig ihre Tätigkeit und legt kurze Ruhepausen ein. Sie lebt in kleinen Gruppen, die während der Winterzeit zahlreicher werden und bis hundert Tiere umfassen können.

Die Strategie der Gabelantilope

Auch während des Säugens achtet Mutter Gabelantilope auf jedes kleinste Geräusch. Die Zwillinge über 16 Monate hinweg zu behüten ist nicht leicht

Der Monarch und sein Vizekönig

Jedes Jahr lassen sich zu Beginn der kalten Jahreszeit unzählige Schmetterlinge auf dem alten Baum nieder. Pünktlich, wenn das Herbstwetter einsetzt, kommen die Tiere in millionenstarken Schwärmen in Florida an, nach einer zweitausend Kilometer langen Reise. Hier überwintern sie und treten dann im Frühjahr wieder den Flug gegen Norden an, zusammen mit den Nachkommen, die in der Zwischenzeit in den Winterquartieren auf die Welt kamen.
Es erfordert Mut, eine derart weite Reise auf zarten Schmetterlingsflügeln zu unternehmen, selbst wenn sonst räuberische Tiere nicht die Absicht haben, sie anzugreifen. Sie wissen nämlich, daß der Körper des Schmetterlings ein Gift gespeichert hat, das die Raupe

2

Die langen Reisen des Monarch-Schmetterlings

beim Fressen der Schwalbenwurzblätter aufgenommen hat. Deshalb rührt niemand den Monarchen an, diesen unsteten Herrscher des luftigen Schmetterlingsreiches, und keiner kommt auch dem Vizekönig oder Limenitis archippus zu nahe. Dieser Schmetterling ist zwar ungiftig, ahmt aber die Zeichnung des Monarchen nach und führt so die Räuber hinters Licht.

Die Gabelantilope

Sie sieht nicht wie eine Antilope aus, hat aber das struppige Fell der Ziege. Ihre Hörner sind kurz, aber verzweigt wie beim jungen Hirsch. Und wie der Hirsch wirft sie jedes Jahr das Geweih ab, wobei allerdings wie beim Rinderhorn ein echter Knochenzapfen bestehen bleibt. Die Gabelantilope ist wie die Antilope zum Laufen geschaffen, für den schnellen Ortswechsel in der Prärie: Ihre wachsamen Augen kontrollieren ständig alle vier Himmelsrichtungen, die Witterung ist stets aufmerksam, um jede mögliche Bedrohung wahrzunehmen. Die kräftigen Sprunggelenke sind stets zum Wegspringen bereit, und ihr Atem reicht aus, um eine geraume Weile mit einer Geschwindigkeit von fünfzig Stundenkilometer zu laufen.

3

Das Drama des Bisons

Hunderte von kleinen Bisonherden versammelten sich jedes Jahr in der Weite der Prärie, um gemeinsam südwärts zu den noch grünen und einladenden Weideplätzen zu ziehen, weit weg von den kalten sturmgepeitschen Gebieten. Einige Indianerstämme lauerten ihnen entlang der traditionellen Wegstrecken auf. Die über Berge und Täler wogenden Herden zahlten den Wegzoll mit manch einem Tier, das von Pfeilen getroffen zu Boden stürzte. Und im nächsten Jahr zogen die immer noch zahlreichen Bisons wieder auf denselben Wegen vorüber. In ihrer Mitte hielten sich die inzwischen geborenen Jungtiere, die von den gewaltigen Körpern der älteren Tiere geschützt wurden.

Aber eines Tages tauchte im Land des Bisons der weiße Mann auf mit seinem Hunger nach Raum und Rohstoffen und mit seiner eisernen Straße. Sie erstreckte sich nach und nach über den ganzen Kontinent, von einem Ozean zum anderen, ohne daß die Weißen dazu die Erlaubnis der Indianer oder der Bisons eingeholt hätten. Das brachte beide binnen kurzem an den Rand der Ausrottung. Die ursprünglich siebzig Millionen Bisons schrumpften um 1880 zu einer

1

2

Der Bison (1 und 2) ist das größte Tier Nordamerikas. Früher war er sehr zahlreich vertreten, wurde aber während der Eroberung des Wilden Westens so sehr dezimiert, daß um 1880 nur mehr knapp 600 Tiere lebten. Heutzutage gilt der Bison als nicht mehr unmittelbar von der Ausrottung bedroht. In den Wildreservaten und Naturschutzparks leben wieder ungefähr 40 000 Tiere.

Der weiße Mann mit seinem Gewehr ist angekommen, und die Ausrottung hat begonnen . . .

Es war einmal im Wilden Westen . . .

Die Jäger töteten für das Fell oder für die Zunge: die Reste des toten Tieres wurden liegengelassen

Dann hielt die Eisenbahn Einzug und erleichterte die Ansiedlung: Damit waren die grünen Straßen der Bisons für immer ausgelöscht

versprengten Schar von sechshundert Überlebenden zusammen. Inzwischen hatte der Mensch damit begonnen, ihre Weideflächen in bewirtschaftete Felder umzuwandeln, entlang ihrer Wanderwege schossen Städte aus dem Boden und wurden Straßen gebaut: So gelangte kein einziger Bison mehr zum jährlichen Treffen.
Um ein Haar wäre der Bison ausgestorben, doch da erkannte der weiße Mann die Tragödie, die er selbst verursacht hatte, und begann Maßnahmen zu ergreifen.

Ein Funken Hoffnung

Heute gibt es mindestens vierzigtausend amerikanische Bisons. Die Gefahr der Ausrottung scheint also gebannt. Es haben sich wieder kleine Herden mit festgefügter Rangordnung gebildet. Wir können wieder die heftigen Kämpfe der Bullen während der Paarungszeit beobachten und das Spiel der fröhlichen Bisonkinder sehen. Allmählich nehmen die Bisons wieder ihre Wanderzüge auf der Suche nach Wasser und Nahrung wie in alten Zeiten auf.

Die Wüstengebiete

Bei Tage scheint die Wüste tatsächlich unbewohnt zu sein: Kaum nimmt man das Vorbeihuschen einer Echse wahr, die schnell im unebenen Gelände verschwindet, und nur wenn wir genau hinsehen, bemerken wir die langsame Schildkröte, die gelbe Kaktusblüten frißt. Aber warten wir den Abend ab: Die Weißfußmaus, der Streifenskunk, der Hase verbringen den Tag unter der Erde, um sich vor den erbarmungslosen Sonnenstrahlen zu schützen. Aber abends lassen sie nicht auf sich warten und kommen aus ihrem Bau heraus. Auch der Kojote, der tagsüber schläfrig unter einem Busch liegt, wacht auf und geht auf Jagd.

1 Antilopenhase
2 Streifenskunk
3 Klapperschlange
4 Gila-Krustenechse
5 Südliche Grashüpfermaus
6 Heuschrecke
7 Texas-Krötenechse
8 Känguruhmaus
9 Weißflügel-Turteltaube
10 Weißfußmaus
11 Erdkuckuck
12 Gopherschildkröte
13 Kitfuchs

Die Wüste erwacht

Das Sonnenlicht beginnt den Horizont im Osten zu erhellen, der Himmel färbt sich allmählich in den Farben des Tages, und bald bricht in der dunstlosen Atmosphäre der Wüste die Morgendämmerung an mit ihrem klaren und schneidenden Licht. Für die Nachtgeschöpfe, die sich vielleicht noch in den vereinzelt stehenden Dornenbüschen aufhalten, ist nun höchste Zeit gekommen, um sich schnell in ihren Bau zurückzuziehen, denn bald wird die Luft sehr heiß werden, zu heiß für sie. Dagegen erwachen jene hundert verschiedenen Echsenarten, die Sonne und Wärme lieben. Oft sind es blitzschnelle, perfekt getarnte Tiere, deren Kleid so gefärbt ist, daß sie im Sand oder auf Felsen nicht auszumachen sind. Ein Chuckwalla ist unter einem Felsen hervorgekommen und hat begonnen, in Windeseile Kaktusblüten zu kauen. Die Hitze wird sogar für ihn bald unerträglich werden, und er braucht dann eine Erholungspause in einer engen Felsspalte, bevor er wieder ans Tageslicht kommt und seine Mahlzeit fortsetzt. Einen ganz anderen Geschmack hat die Texas-Krötenechse, die Echse mit den Hörnern. Geduldig wartet sie am Ausgang eines Ameisenbaus auf die Bewohner, bis sie allein oder in kleinen Gruppen herauskommen. Sie wollen auf einer unsichtbaren Straße entlangziehen, die von einer flüchtigen chemischen Spur markiert wird. Sehr schnell läuft der Gitterschwanzleguan, der dabei wie viele ausgestorbene Dinosaurier seine Vorderbeine vom Boden abhebt. Aber es gibt jemanden, der noch schneller vorankommt, nämlich der lustige Erdkuckuck. Er zieht das Laufen dem Fliegen vor und ist immer bereit, sich auf jeden lebenden Punkt zu stürzen,

1

Die gepanzerten Bewohner der Wüste

Der Halsbandleguan kann auch auf zwei Beinen laufen und hält das Gleichgewicht mit dem langen ausgestreckten Schwanz . . .

den er in Ruhestellung gerne einrollt

Der Chuckwalla ist keineswegs gefährlich: er ißt sich gerne an Kaktusblüten satt

Die Gopherschildkröte setzt sich unerschrocken der Hitze des Tages aus

2

der in der unbewegten Wüste aus Sand und Steinen sichtbar wird. Unter der Sonne, gut geschützt durch einen harten Panzer, kriecht die Gopherschildkröte dahin. Die Schlangen schlafen hingegen, weil sie mit dem Verdauen ihrer nächtlichen Mahlzeit beschäftigt sind. Nur die Erdnatter läßt sich manchmal am Tage blicken.

Echsen mit giftigem Biß

Wenn der Abend anbricht und die Temperatur für die meisten Geschöpfe endlich erträglich wird, erwacht die Wüste zu ungeahntem Leben. Aus ihren Verstecken unter Sand, im Schatten der Büsche oder in Felsspalten kommen Hasen und Mäuse, Schlangen und Skunke ans Licht. Auch die Gila-Krustenechse läßt sich nun blicken. Sie ist etwas zu langsam und schwer, um gleich beim ersten Blick ihre wahre Echsennatur erkennen zu lassen. Ungewöhnlich ist außerdem auch ihre andere, um ehrlich zu sein, nicht sehr sympathische Eigenschaft, nämlich der giftige Biß. Um aber gebissen zu werden, müssen wir uns wirklich blöd anstellen, denn sie kann nicht schnell kriechen und sie beißt nur, wenn wir sie ernsthaft belästigen. Außerdem ist sie auch nicht gerade unauffällig mit ihrer schwärzlichen, mit vielen gelben Flecken übersäten Haut. Das Gift braucht sie allenfalls zur Verteidigung und setzt es nicht ein, um Ameisen oder kleine Echsen, ihre Lieblingsnahrung zu fangen, und schon gar nicht, um an Schlangeneier zu kommen, auf die sie besonders gierig ist. Sie gräbt gerne und ohne Mühe; nur selten verläßt sie ihr Loch vor

Ein gefährlicher Bewohner der amerikanischen und mexikanischen Wüste ist die Gila-Krustenechse (1), ein bis sechzig Zentimeter großes Tier mit gefurchten Zähnen. Ihr Biß wirkt giftig. Harmlos, trotz ihres schrecklichen Aussehens, ist dagegen die Texas-Krötenechse (2 und 3), die knapp zwanzig Zentimeter lang wird, den Schwanz mitgerechnet. Sie ernährt sich hauptsächlich von Ameisen.

3

Der Wüstenstachelleguan schützt sich vor der Sonne in einer Felsspalte und ruht sich von der Nahrungssuche immer wieder aus. Er frißt Kaktusblüten!

Sonnenuntergang oder nach Sonnenaufgang. Sie ist sehr durstig und nutzt jede Gelegenheit, um ausgiebig zu trinken, wobei sie das Wasser mit der Zunge aufleckt. Besser als den Durst verträgt sie das Fasten, weil der dicke Schwanz ihr als Vorratskammer dient und sich in der nahrungsreichen Zeit viel Fett darin ansammelt. Wir können also ihren Schwanz mit einem Kamelhöcker vergleichen.

Vorsicht, Rassel!

Nicht wenige giftige Tiere leben in der Wüste. Es gibt Spinnen, Skorpione, Skolopender, aber vor allem lautlose Schlangen, die gerne unsichtbar bleiben. Ihre Anwesenheit kündigen sie manchmal selbst an. Was ist das für ein trockener Ton wie von Kastagnetten? Es ist das Geräusch einer Klapperschlange, sie zeigt damit ihre Nähe an. Es ist also ratsam, sie in Ruhe zu lassen, anstatt einen gefährlichen Biß zu riskieren. Im Grunde ist es genau das, was die Klapperschlange bezweckt. Ihr Gift will sie für kleine flinke Mäuse, ihre Beutetiere, reservieren, und das ist besser für sie und für uns.

Nächtliche Jagdszenen

Feinde haben sie mehr als genug, die kleinen Mäuse. Das gilt vor allem für die Weißfußmaus. Sie gibt sich nicht mit Früchten und Samenkörnern zufrieden, die mühelos und ohne Gefahr zu haben sind, sondern verläßt oft nachts ihr Mauseloch und jagt Insekten und

Das Leben der Klapperschlangen

Ritualisiertes Duell zwischen zwei Männchen: sie stehen sich frontal gegenüber und umklammern sich, wobei sie, Kopf an Kopf, mit dem Vorderkörper hin- und herwiegen

Gift wird nicht eingesetzt, und nur selten verletzen sie sich die Konkurrenten ernsthaft

Trifft die Klapperschlange auf ein Nagetier, so hält sie inne und züngelt langsam mit erhobenem Kopf

1

2

3

4

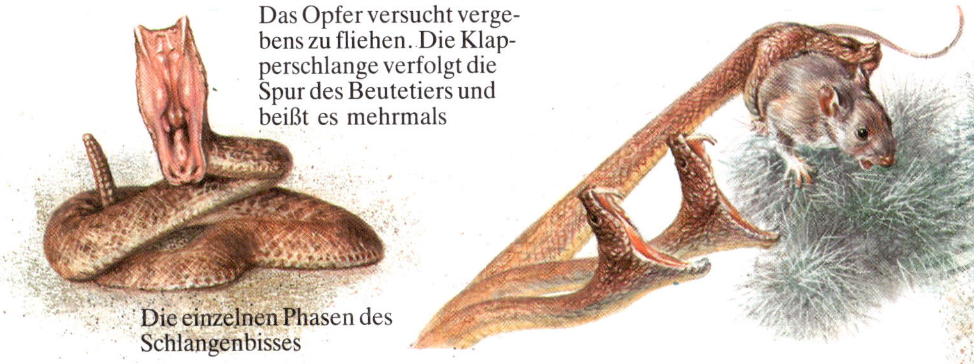

Das Opfer versucht vergebens zu fliehen. Die Klapperschlange verfolgt die Spur des Beutetiers und beißt es mehrmals

Die einzelnen Phasen des Schlangenbisses

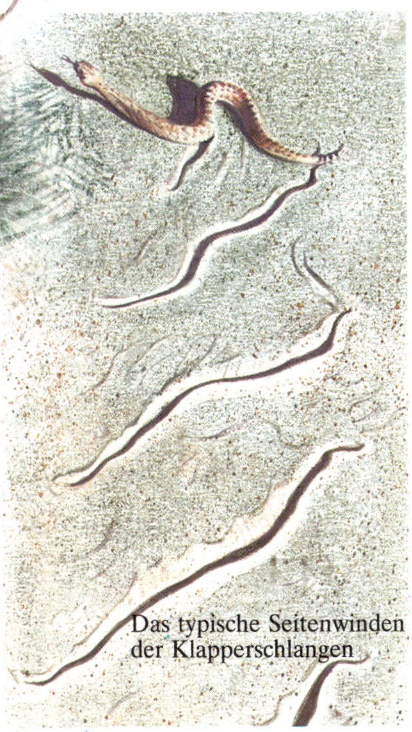

Das typische Seitenwinden der Klapperschlangen

Spinnen. Wenn sie wenigstens so springen könnte wie die Känguruhmaus! Diese Kusine der Weißfußmaus ist nicht nur eine gute Sportlerin, sondern verwaltet auch ihre Vorräte ausgezeichnet. Sie nutzt jede Gelegenheit, um Körner zu suchen und in ihre unterirdische Vorratskammer zu bringen. Dort kann sie in Ruhe von ihren Vorräten zehren, auch in Notzeiten. Doch Wendigkeit und Sparsamkeit können nicht verhindern, daß die Känguruhmaus für den Uhu, für Dachs, Kojote, Skunk und Schlange eine begehrte Beute darstellt. Sieht sie keinen anderen Ausweg, so greift die arme Maus zu ihrem letzten Verteidigungsmittel und wirft Sand in die Augen des Feindes. Dann flüchtet sie schnell, bevor dieser sich von der vorübergehenden Blindheit erholen kann.

Für den Streifenskunk ist die Wüstennacht ein zweifaches Abenteuer: Zum einen ein Jagdabenteuer, das mit einem Nest voll junger Hasen und einigen Mäusen enden kann, sofern er sich nicht mit einem toten Tier, einer kleinen Zwischenmahlzeit von ein paar Heuschrecken oder einer Kaktusfrucht begnügen muß. Zum anderen ist es eine Jagd mit ungewissem Ausgang, bei der der Jäger selbst zur Beute werden kann, zur Beute eines lautlosen und erbarmungslosen Uhus, der wie ein grausames Todesschicksal über ihm schwebt.

Die am meisten gefürchteten Bewohner der noramerikanischen Wüsten sind die Klapperschlangen. Sie tragen am Schwanzende mehrere Hornringe, mit denen sie ein rasselndes Warngeräusch erzeugen. Zu den bekanntesten Arten zählen die Texas-Klapperschlange (1), die Tropische Klapperschlange (2), die Gehörnte Klapperschlange (3) und die Mojave-Klapperschlange (4).

2

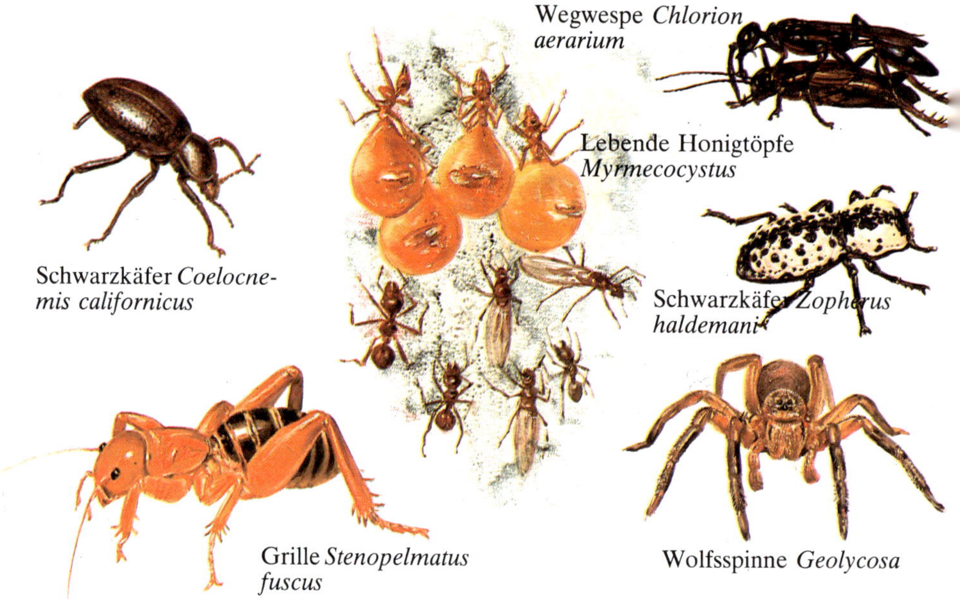

1

Der Fleckenskunk

Er ist schwarz und hat zahlreiche über den ganzen Körper verteilte weiße Flecken. Der Fleckenskunk besitzt eine Geheimwaffe, nämlich einen unerträglichen Gestank. Er rührt von einer Flüssigkeit, mit der er Gegner bespritzt. Dabei nimmt er die lustige Haltung eines Clowns ein, geht in den Handstand, legt seinen Schwanz auf den Rücken, und verspritzt aus den Drüsen, die nahe der Schwanzwurzel liegen, eine ekelerregende Flüssigkeit. Der Feind tritt in neunundneunzig von hundert Fällen den Rückzug an, verstört und angewidert. Nur dem großen Amerikanischen Uhu, der aus der Luft angreift, gelingt es, ein Skunkjunges zu schlagen, bevor die Mutter den Feind bemerkt und versucht, ihn zu verjagen.

Leben auf den Dünen

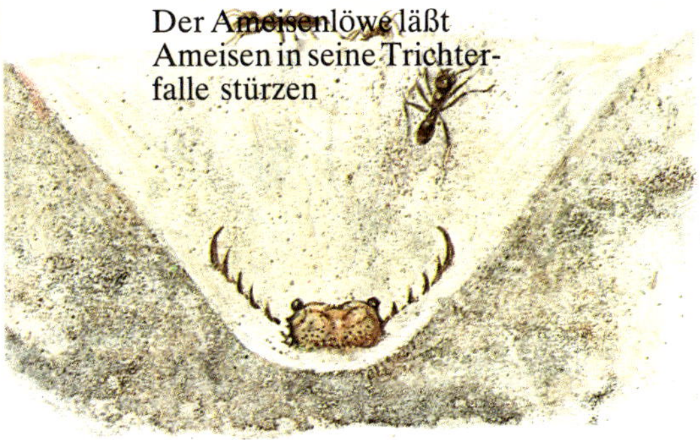

Der Ameisenlöwe läßt Ameisen in seine Trichterfalle stürzen

Er packt seine Beute mit den langen und spitzen Mandibeln und saugt sie aus

Nach dem Ausschlüpfen wird aus dem Ameisenlöwen eine zarte Ameisenjungfer

Die Yuccamotte und die Yuccapalme

Ihre unregelmäßige, verschlungene Form und die mit Resten vertrockneter Blätter bedeckten Zweige verleihen der Yuccapalme eine eigentlich wilde Schönheit.
Vielen Lebewesen in er Wüste dient sie als Nahrungs- und Wasserquelle sowie als Unterschlupf. Für die kleine Yuccamotte ist sie alles in einem: Haus und Nahrung, Wiege und Versteck. Sie ist ihr so verbunden, daß sie der Pflanze keinen Wunsch abschlagen kann. Ohne die Yuccamotte wäre für die Yuccapalme die Bestäubung der Blüten und damit das Reifen der Früchte äußerst schwierig. Aber das Insekt erledigt diese Arbeit, sammelt Pollenkügelchen in einer Blume und bringt sie zu einer anderen Yuccapflanze, an die richtige Stelle natürlich, auf die Narbe. So kann die Yuccapalme Samen produzieren und einen Teil davon der Brut der kleinen Yuccamotte überlassen. Diese hat nicht vergessen, ein oder zwei Eier in die Nähe einer soeben bestäubten Blüte zu legen, denn schließlich hat sie all dies für ihre kleinen Raupen und nicht für die Yucca gemacht!

Das Laufen und Hüpfen der Hasen

Stets in Bewegung, so sehen wir den Kalifornischen Eselhasen mit seinem schwarzen Schwanz. Er ist dünn und knochig wie alle unruhigen und nervösen Geschöpfe und stets gierig auf die saftigen Früchte dickfleischiger Trockenpflanzen und die feuchte, faserige Rinde von Wüstensträuchern. Er läuft fast doppelt so schnell wie der Mensch, und auch beim Springen steht er trotz seiner geringen Größe nicht abseits, denn er kommt fast auf fünf Meter Weite.

Wasser und Durst

Es gibt keinen Flecken in der Wüste, auf den früher oder später nicht etwas Regen fiele. Aber wann? Nur ein Samenkorn kann es sich erlauben, jahrelang in Ruhe abzuwarten, bis es wieder regnet. Dann

Antilopenhase heißt ein Hase mit sehr langen Ohren, der in Arizona und in Neumexiko lebt (1 und 2). Er kann außergewöhnlich gut springen und ernährt sich von dürftigen und stacheligen Wüstenpflanzen. Die großen Ohren dienen ihm in der warmen Jahreszeit, um Körperwärme abzustrahlen und eine Überhitzung zu vermeiden. Im Winter faltet er sie nach hinten und vermindert die Blutzirkulation darin. Unverwechselbar ist das Aussehen des Streifenskunks (3). Er hat am Hinterende Drüsen, die eine ölige und unsäglich übelriechende Flüssigkeit erzeugen. Mit ihr bespritzt er Störenfriede.

3

wird aus ihm in Windeseile ein grünes Pflänzchen mit Blättern und leuchtenden Blüten. Auch die wenigen seltenen Schnecken der regenärmsten Gebiete können monatelang in ihrem Gehäuse verharren, bis ein wenig Regen fällt und sie zu neuem Leben erweckt. Für alle anderen Tiere ist der Wassermangel ein unmittelbares und tägliches Problem, das sie mit Vorsicht und Sparsamkeit lösen müssen.
Manche Tiere, etwa die Känguruhmaus, haben auf das Trinken ganz verzichtet und decken ihren Flüssigkeitsbedarf mit dem in der Nahrung enthaltenen Wasser. Sie kommen mit dem aus, was in Samenkörnern oder harten Blättern vorhanden ist.
Känguruhmäuse graben nur dort, wo der Boden locker und leicht ist und aus sehr feinem Sand besteht. Ihre weit verzweigten Gänge führen zu mit weichen Gräsern oder Federn ausgepolsterten Wohnkammern und zu stets gut gefüllten Vorratskammern. Wie sie diese Vorratsmengen unter die Erde schaffen, demonstriert uns eine solche Maus, die gerade von einem kleinen Ausflug in die Umgebung zurückkommt. Ihre Backentaschen sind prallgefüllt mit kleinen Körnern. Sie hat sie so fest zwischen die Zähne und die dehnbare Wand der Backentasche gepreßt, daß es ihr nicht gelingt, sie herauszuspucken. Sie muß zum Entleeren der Backentaschen die Vorderpfoten zu Hilfe nehmen.

Lebensgemeinschaft in der Wüste

1

Verschiedene Mausarten mit kugelrundem Körper, dafür aber langen Pfoten und Schwänzen, bewohnen die steppenartigen Gebiete und sogar noch trockeneren Wüsten. Sie entnehmen das benötigte Wasser den Samen dorniger Gewächse; zu ihnen gehören der Taschenspringer (1) und die Weißfußmaus (2 und 3).

3

Der Schlangenräuber

2

Wenn wir den Erdkuckuck schnell auf der staubigen Erde dahinlaufen sehen, kommen uns Zweifel daran, ob seine Füße überhaupt den Boden berühren. Aber bei genauem Hinsehen bemerken wir die Abdrücke seiner Krallen, von denen zwei nach vorne und zwei nach hinten zeigen und so ein »X« ergeben. Spuren hinterläßt der Erdkuckuck wirklich viele: Bei einem Ocotillostrauch vergißt er ein Häuflein leerer Schneckenhäuser, und sein lautes »ku ku ku-ah-ku-ah« erinnert an seine Verwandtschaft mit dem einheimischen Kukkuck. Den Erdkuckuck selbst kümmert es wenig, wenn er sich bemerkbar macht. Er entmutigt jeden Räuber, der ihn fangen will, wenn er mit einem drei Meter langen Satz von einem Felsen zum anderen springt oder wenn er wie verrückt mit mehr als zwanzig Stundenkilometer dahinrennt. Fliegen dagegen liegt ihm nicht, und er tut es nur selten und ohne Eleganz. Welchen Grund hätte er auch dazu als Jäger von Echsen, Schlangen, Mäusen und Schnecken? Er, der gerne kleine Klapperschlangen aus dem Nest stiehlt, sie ohne Zögern in seinen Schnabel nimmt und dann solange heftig auf den Boden schlägt, bis sie tot sind?

Im Frühling baut der Erdkuckuck sein Nest auf den erstbesten Kaktus. Er legt ein Ei und beginnt sofort mit dem Brüten. Drei Wochen lang legt er jeden zweiten Tag ein Ei, und wenn das letzte seinen Platz im Nest gefunden hat, platzt beim ersten die Schale, und bald fordert ein Jungvogel seine tägliche Nahrungsration.

Seen und Flüsse

Für den kanadischen Lachs ist die Wanderung flußaufwärts und der Kampf gegen die Strömung die rituelle Rückkehr zu den Laichgebieten und eine unerläßliche Wanderung. Der Geruchssinn läßt den Lachs nicht im Stich, wenn er sich nach langen Jahren im Meer auf die Reise macht und seinen Geburtsbach sucht. Ihren Flüssen und Staudämmen bleiben auch die fleißigen und rührigen Biber treu. Was aber sollen wir über den Alligator sagen, der im Schlamm döst, oder über den Kahlhecht und den alten Knochenhecht, die unbeachtet seit vielen Jahrmillionen als lebende Fossilien in Flüssen leben?

1 Silberreiher
2 Schmuckreiher
3 Biber
4 Bisamratte
5 Furchenschwimmer
6 Kahlhecht
7 Nordamerikanischer Fischotter
8 Lachs
9 Knochenhecht
10 Schlangenhalsvogel
11 Ohrenscharbe
12 Rosalöffler
13 Blaureiher
14 Mississippi-Alligator
15 Roter Wiesensalamander
16 Steinfliegenlarve
17 Ochsenfrosch
18 Grünreiher
19 Erdnatter
20 Manati

Die Staudämme des Bibers

Nicht durch eine Laune der Strömung wurden all diese Äste so in die Mitte des Flusses getrieben, daß dadurch eine feste Insel entstand, die einige Handbreit über die Wasseroberfläche herausragt. Es waren vielmehr Biber, die Baumaterial schwimmend Stück für Stück heranschafften und damit in kurzer Zeit einen sicheren Bau errichteten. Da kommt gerade einer gegen die Strömung angeschwommen, den Körper fast völlig untergetaucht im kalten Wasser, und hält einen großen Ast im Maul. In der Nähe der Insel angekommen, taucht er unter. Wir können seinen Weg unter Wasser nur vermuten. Mit dem neuen Baumaterial verstärkt er seine Behausung aus Holz und Schlamm. Sein Bau gleicht einer mittelalterlichen Burg mit einem Wassergraben. Knapp unter der Wasseroberfläche liegen die meist unsichtbaren Eingänge. Nur einem Tier wie dem Biber, der seit langem mit dem Wasser vertraut ist, gelingt es, den Weg zu finden.
Der eigentliche Bau, Wohn- und Schlafzimmer in einem, liegt dicht über der Wasseroberfläche. Dies ist übrigens verständlich, da der Biber wie alle Lungenatmer den Sauerstoff der Luft einatmet und nicht den im Wasser gelösten Sauerstoff aufnimmt, wie es die Fische tun. Wichtig ist, daß die Biberburg nicht plötzlich überschwemmt wird, wenn es stark regnet oder wenn im Spätfrühling der Schnee hoch in den Bergen zu schmelzen beginnt und trübe, eisige Wasser-

Eine Bisamratte beobachtet das von Lachsen wimmelnde Gewässer . . .

massen den Fluß anschwellen lassen. Es ist also besser, fleißig zu arbeiten und mit etwas Technik den Wasserstand des Flusses durch einen Staudamm zu regeln, die Strömung zu verlangsamen und die steigenden Wassermassen in einen kleinen künstlichen See umzuleiten. In Fragen der Hydraulik oder des Wasserbaus fehlt es dem Biber nicht an Geschick, noch mangelt es ihm an Baumaterial, denn mit seinen langen Nagezähnen raspelt er so lange an einem Baumstamm herum, bis dieser zu Boden stürzt. Danach ist es einfach, Äste und Rinden abzunagen und Stück für Stück beim Dammbau zu verwenden.
Nie werden wir den Biber aber auf einem Baum klettern sehen. Dazu ist er zu schwer: Dreißig Kilogramm ruhen auf vier kurzen, kräftigen Beinen. Schon am Boden wirkt er plump und schleppt sich recht langsam dahin, wobei er auf dem Schlamm die schlangenförmige Schleifspur des abgeflachten langen Schwanzes hinterläßt. Nur im Wasser leistet er gute Dienste als Steuer. Im übrigen braucht der Biber seiner Nahrung aus Gräsern oder Knospen nicht nachzulaufen. Der Biber hat als kräftiges Tier wenige Feinde, und die ziehen stets den kürzeren, wenn es ihm gelingt, das Ufer zu erreichen und ins Wasser zu tauchen, wo er besser zurechtkommt. Schließlich verschwindet er im tiefen Dunkel des Gewässers, wo nur er allein den Weg zu seiner Burg kennt. In seinem Wasserreich führt der Biber ein ruhiges Familienleben und bleibt seinem Weibchen treu. Es schenkt ihm jedes Jahr im Mai vier kleine Biberchen, die dann ein paar Jahre bei den Eltern leben.

Die vom Biber errichteten Staudämme sind eines der auffälligsten und anspruchsvollsten Beispiele tierischer Architektur. Mit diesen Staudämmen können die Biber den Wasserstand in einem bestimmten Flußabschnitt regeln und ihren Bedürfnissen anpassen. Es ist nicht leicht, diese Tiere bei der Arbeit zu beobachten, weil sie vor allem nachts aktiv sind.

Der Fischotter springt hinein und fängt selbst den schnellsten Fisch

Der Lachs kehrt zum Fluß seiner Kindheit zurück

Im Quellgebiet des Flusses, wo das kalte, sauerstoffreiche Wasser schnell über ein Kiesbett rinnt, laicht das Lachsweibchen seine Eier ab. Die Jungfische werden die Mutter nicht mehr sehen, denn ihr Leben ist nunmehr zu Ende.

Inzwischen sind drei Monate vergangen. Die kleinen Lachse beginnen mit anfangs zögernden und unsicheren Schwanzschlägen im Wasser zu schwimmen. Schon bald werden ihre Schwimmbewegungen sicherer, und schnell sind sie mit der ins Tal fließenden Strömung vertraut und folgen ohne Eile ihrem Lauf. Einige verspäten sich in einem ruhigen See, wo es weniger schwierig ist, einen Bissen zu erhaschen. Andere wiederum beeilen sich, zur Flußmündung zu gelangen. Aber früher oder später streben sie alle dem Meer zu und tauschen in dieser Zeit das schwarz-gefleckte Kinderkleid gegen ein vornehm silberglänzendes Gewand ein. Eine Zeitlang verweilen die Junglachse im seichten Brackwasser der Mündung, bevor sie sich ins Salzwasser getrauen, das so anders ist als das Süßwasser, in dem sie bisher lebten. Doch schließlich schwimmen sie auf gut Glück ins offene Meer hinaus.

2

1

Eine Familie im Sumpf

Die Lachse wachsen heran, und nach einigen Jahren ruft ein innerer Trieb die nunmehr erwachsene Lachse zum Fluß ihrer Kindheit zurück. Die Laichzeit rückt heran, und das ist der Augenblick, wo die Lachse ihren Beitrag zur Arterhaltung und Fortpflanzung leisten. Und für sie, die in einem Gebirgsbach geboren sind, ist das Meer nicht der richtige Ort, um abzulaichen. Sie müssen zurück an den Ort ihres Ursprungs, an den Fluß, wo sie geboren wurden. Unter all den Flüssen, die ins Meer münden, finden sie mit ihrem hochentwickelten Geruchssinn unfehlbar jenen, in dem sie vor vielen Jahren die

4

Die seichten Gewässer der Sümpfe und Flußufer bieten einer Vielfalt von Stelzvögeln reichhaltige Nahrung. Sie nisten aber vorwiegend auf Bäumen und Sträuchern. Im Süden der Vereinigten Staaten, in Mittel- und Südamerika finden wir den Rosalöffler (2, 4 mit einem Blaureiher), während die Reiher (1, Blaureiher, und 3, Schmuckreiher) noch weiter verbreitet sind.

3

ersten Schwimmbewegungen vollführten und den sie dann eines Tages hinabschwammen, um das Abenteuer des Lebens im Meer zu wagen. Die Lachse steigen den Fluß hinauf, auch wenn Stromschnellen erhebliche Hindernisse darstellen.

Die Lachse nehmen solange keine Nahrung zu sich, bis sie in ihrem klaren Geburtsgewässer angelangt sind. Dort ist die zermürbende Reise endlich beendet. Einige von ihnen haben inzwischen zweitausend Kilometer zurückgelegt, tausend Gefahren überstanden und unzählige Hürden überwunden. Das Weibchen richtet eilig eine Laichgrube her und legt darin die Eier ab, die sofort vom Männchen befruchtet werden.

Reiherparadies in Florida

Am Ostertag des Jahres 1513 erblickte der Seemann Ponce de León eine grüne, wilde Küste. Sie lag nördlich der Gebiete, die Christoph Kolumbus entdeckt hatte – immer im Glauben, er befinde sich im

sagenhaften Indien. Ponce de León hatte die zerklüftete Küste Floridas vor sich, die übersät war mit sandigen Inseln und undurchdringlichen, verschlungenen Mangrovenwäldern.
Es war eine mit Blumen übersäte Küste, aber mehr als die Blumen schmückten sie unzählige Vögel, deren buntes Gefieder aus dem Grün der Blätter leuchtete. Das weiße Federkleid des Schmuckreihers wechselte mit dem rosafarbenen des Rosalöfflers und dem blauen des Blaureihers ab. Diese Geschöpfe waren zu schön und weckten die Begehrlichkeit des Menschen. Dadurch war ihr Fortbestehen gefährdet. Die Gefahr ist heute glücklicherweise gebannt, aber es gibt nicht mehr jene Millionen Rosalöffler wie ehemals, die mit gleichmäßigen Schnabelbewegungen den Schlamm nach Schnekken, Larven und kleinen Fischen absuchten.
In ihrem Bestand verringert wurden auch die Weißen Sichler, jene eleganten und lautlosen Vögel. Trotzdem finden sie in der Stille der großen Brackwassersümpfe immer noch mühelos Nahrung für sich und ihre drei oder vier Jungen, die im Nest schnell heranwachsen.

Vogel Langbein und Vogel Langhals

Auf dem weichen Schlamm gehen alle diese wunderschönen Sumpfvögel wie auf langen Stelzen. Einen langen Hals dagegen haben die Vögel, die an Flußufern oder an Meeresstränden leben, wo das Wasser tiefer ist und zur Jagd auf silberne, dahinschnellende Fische einlädt.

2

1

Der Schlangenhalsvogel (1 und 3) verdient seinen Namen durchaus wegen seines langen und biegsamen Halses. Im Unterschied zu fast allen anderen Wasservögeln wird sein Gefieder leicht naß, so daß er ohne Schwierigkeit und lautlos tauchen kann. Der Schlangenhalsvogel ist ein geschickter Fischer, wie die Kormorane, von denen es in der nordamerikanischen Tierwelt fünf Arten gibt, darunter die Ohrenscharbe (2) mit dem orangefarbenen Gesicht.

Die Lebensgemeinschaft der Everglades

Betrachten wir den Schlangenhalsvogel mit dem äußerst langen Hals, der seinem Namen alle Ehre macht. Jetzt hält er den Hals nach hinten gebogen und, ist bereit, ihn wie eine Sprungfeder nach vorne schnellen zu lassen, sobald ein Fisch in Reichweite vorüberschwimmt. Blitzschnell durchbohrt er die Beute mit dem spitzen Schnabel wie mit einem Pfeil. Sofort taucht der Schlangenhalsvogel zur Oberfläche auf und mit einer weiteren schnellen Bewegung wirft er den bereits regungslosen Fisch in die Luft, erwartet ihn mit offenem Schnabel und verschluckt ihn schnell, bevor er wieder ins Wasser zurückfallen kann. Dann trocknet er sich in der Sonne mit ausgebreiteten Flügeln, ähnlich einem wassertriefenden Schirm, der erst trocknen muß, bevor er ins Haus gebracht wird.

Auf den ersten Blick erscheint es merkwürdig, daß der Schlangenhalsvogel tropfnaß aus dem Wasser kommt, während Enten und Schwäne schon trocken sind, wenn sie den ersten Schritt ans Ufer tun. Aber dafür gibt es einen guten Grund. Die nassen, am Körper anliegenden Federn erlauben es dem Schlangenhalsvogel, besser zu tauchen als alle anderen Vögel mit wasserundurchlässigem Gefieder. Es macht ja nichts aus, wenn er sich nach dem Ende der Tauchstunde trocknen lassen muß. Zur Paarungszeit sucht der Schlangenhalsvogel einen geeigneten Platz für sein Nest. Wichtiger ist eine solide Plattform aus geflochtenen Zweigen, möglichst hoch über dem Boden, vielleicht in Gesellschaft von Reihern und Sichlern.

Beim Ausbrüten der Eier wechseln sich beide Eltern ab. Die Brutzeit dauert einen Monat, und wenn die Jungen ausgeschlüpft sind, füttern Vater und Mutter sie eineinhalb Monate lang um die Wette mit kleinen Fischen.

3

1

Der Mississippi-Alligator (1 und 3) ist der einzige Vertreter der Krokodile in der nordamerikanischen Tierwelt. Er kann bis zu sechs Meter lang werden, doch kann man heutzutage kaum mehr Alligatoren begegnen, die länger als vier Meter sind. Er lebt in fließenden wie in stehenden Gewässern, in Sümpfen und Lagunen, an deren schlammigen Ufern er gerne ein Sonnenbad nimmt. Das Weibchen legt die Eier in ein Nest, das es am Ufer aus Blättern und Wasserpflanzen baut, und bewacht sie während der gesamten Brutzeit von 60 bis 70 Tagen. Zu den nordamerikanischen Amphibienarten gehört der Ochsenfrosch (2), der bis zu sechshundert Gramm wiegt und eine derart kräftige Stimme hat, daß sein Name gerechtfertigt erscheint.

2

3

Der Alligator

Zwei kleine Nasenlöcher und zwei undurchdringliche Augen, die aus dem Wasser hervorlugen, das ist die Visitenkarte der einundzwanzig Krokodilarten, die wir in den Flüssen aller Kontinente mit Ausnahme Europas finden. Diese Visitenkarte mahnt zu Vorsicht und Argwohn, denn die Begegnung zwischen dem Krokodil und dem Eindringling kann blitzartig zur Tragödie werden. Aber wir sollten nicht alles über einen Kamm scheren. Für den Mississippi-Alligator, den rechtmäßigen Vertreter der Krokodile in Nordamerika, besteht die normale Mahlzeit nur aus Fröschen, Schlangen, Krebsen, Fischen, gelegentlich auch Vögeln und kleinen Säugetieren, die im Fluß oder an Flußufern leben. Wenn es zutrifft, daß Appetit und Kraft irgendwie im Verhältnis zur Größe stehen, so können wir uns mit dem Gedanken trösten, daß die Alligatoren heutzutage nicht länger als vier Meter werden, während es früher sechs Meter lange Riesenexemplare gab.

Das Familienleben des Alligators

Zu Beginn der kalten Jahreszeit gräbt sich der Alligator in den Schlamm ein, um zu überwintern. Er erwacht erst wieder Anfang März und ist dann ebenso hungrig wie alle Tiere, die monatelang Winterschlaf gehalten und dabei langsam die Reserven aufgebraucht haben, die ihr Körper den Sommer über angelegt hatte. Und wie viele andere Lebewesen paart sich auch der Mississippi-Alligator im Frühling. Nach der Hochzeit, die natürlich im Wasser erfolgt, hat es Mutter Alligator mit dem Nestbau eilig: Auf ein Schlammbett häuft sie Wasserpflanzen und legt darin ungefähr fünfzig Eier ab. Sie hält sich in der Nähe auf und bewacht das Nest, bis nach zwei Monaten die Jungen mit einem herzzerreißenden Gekrächze ausschlüpfen. Die Mutter hilft ihnen dann, sich einen Weg zu bahnen, und zerstört das grobe, nunmehr nutzlos gewordene Nest.

Der pflanzenfressende Manati

Die Wasserhyazinthe ist eine Sumpfpflanze mit Wasserwurzeln und großen, dicken und schwammigen Blättern, mit denen sie an der Wasseroberfläche schwimmt. In Europa gilt sie als Zierpflanze, ist aber nicht leicht zu züchten. Im Süden der Vereinigten Staaten und in anderen Teilen Amerikas hingegen ist sie eine wahre Pest, überwuchert Kanäle und vermehrt sich so maßlos, daß sie teilweise die Schiffahrt lahmlegt. Was also tun? Die beste Lösung ist, den Manatis die Reinhaltung der Wasserläufe zu übertragen. Mit ihrem unersättlichen Appetit und einem Gewicht von einer halben Tonne bahnen sie sich langsam ihren Weg durch das grüne Meer von

Abenteuer und Hinterhalt in der schwülen Luft

1

Wasserhyazinthen. Sie brauchen ihre Nahrung nicht zu suchen, denn sie sind von ihr buchstäblich umgeben. Dreißig Kilogramm Pflanzen täglich reichen gerade aus, um den Hunger eines erwachsenen Manatis zu stillen.

Der Kahlhecht und der Knochenhecht

Es ist nicht ihre Schuld, wenn alle ihre Verwandten vor langer Zeit ausgestorben sind, ohne weitere Nachkommen zu hinterlassen. So sind der Kahlhecht und der Knochenhecht heute die einzigen Vertreter ihrer Gruppen, die einmal in vielen Gebieten der Erde zu finden waren. Sie kommen nur noch in nordamerikanischen Gewässern vor und gelten als lebende Fossilien. Sie selbst scheint dies nicht übermäßig zu interessieren, und ungezwungen führen sie ihr Leben als gefräßige Jäger, wie schon zu Zeiten der Dinosaurier. Aber die

2

In den Flüssen der Vereinigten Staaten leben zwei sehr primitive Fische, der Kahlhecht (1) und der Knochenhecht (2). Der Kahlhecht lebt in ruhigen Gewässern, wo er nach anderen Fischen, Fröschen und Krebsen jagt. Das Männchen des Kahlhechts baut im Frühling ein Nest zwischen Wasserpflanzen, in das mehrere Weibchen ihre Eier legen. Das Männchen bewacht die Eier bis zum Ausschlüpfen. Der Knochenhecht ist ein sehr gefräßiger Fisch und kann bis drei Meter lang werden. In den nordamerikanischen Gewässern leben auch viele Salamanderarten, etwa der Rote Wiesensalamander, der als junges Tier rot ist und als ausgewachsenes Tier dunkle Flecken bekommt (3).

Ein kleiner Schwarm Guppys schwimmt zwischen Mangrovenwurzeln

Knochenhechte sehen wirklich vorsintflutlich aus mit dem gepanzerten Körper eines Alligators und dem starken, mit gefährlichen Zähnen bewaffneten Unterkiefer.

Frösche und Salamander

Tümpel und Weiher, Seen und Flüsse sind das Reich der Frösche und Kröten sowie der Salamander und anderer Schwanzlurche. Sogar in Höhlen und in unterirdischen Wasserläufen ist das Geschlecht der Salamander gut vertreten. Es gibt sie in jeder Farbe und Größe, vom kleinen feuerroten Wiesensalamander bis zum trägen schwarzhäutigen Riesen. Und nicht alle verlassen als Erwachsene das Wasser und geben die Kiemen auf. Manchmal leben sie lieber ihr Wasserleben weiter, fast wie Kaulquappen, die auf die Metamorphose verzichtet haben.

3

Übersicht über die Wirbeltiere Nordamerikas

In der folgenden Liste werden die wichtigsten Tierformen Nordamerikas und ihre Merkmale genannt. Bei den wasserbewohnenden Tieren, vor allem den Fischen, beschränken wir uns dabei auf die Formen des Süßwassers. Die Tier- und Pflanzenwelt Nordamerikas erscheint uns teilweise recht vertraut, denn manche Formen kommen auch in Europa vor. Der Biologe spricht dann von einer holarktischen Verbreitung. Besonders häufig ist sie bei Tieren der hochnordischen Gebiete.

STAMM WIRBELTIERE: Das Rückenmark ist bei allen Formen von knorpeligen und knöchernen Wirbeln umgeben. Die Gruppe umfaßt die Wirbellosen, die Fische, die Lurche, die Kriechtiere, die Vögel und die Säuger.

KLASSE KIEFERLOSE: keine Kiefer, rundes Maul mit Hornzähnen, aalähnliche Tiere, die Aas fressen oder sich an Fischen festheften und sie aussaugen. Am bekanntesten sind die Inger und die Neunaugen.

KLASSE FISCHE: wechselwarm, Haut meist von Schuppen und einer Schleimschicht bedeckt, ohne Beine, dafür mit Flossen.

ORDNUNG STÖRE: langgestreckte, meist große Fische mit Knochenschildern auf der Haut und Barteln am Mund. An der Atlantikküste einige Arten, die in die Flüsse aufsteigen. Der Felsenstör bewohnt nur Binnengewässer. Außergewöhnlich sind die Schaufelstöre des Mississippigebiets mit ihrem merkwürdigen Kopf, noch eigentümlicher der Löffelstör mit der schnauzenartigen Verlängerung. Er lebt in großen Flüssen und Seen mit schlammigem Untergrund, frißt Plankton und kleine Krebstiere und schwimmt bei der Nahrungssuche mit weitaufgerissenem Maul.

ORDNUNG KNOCHENHECHTE: langgestreckte, hechtförmige, urtümliche Tiere mit rautenförmigen harten Schuppen und langausgezogener Schnauze. Die größte Art, die über 100 Kilogramm schwer wird, heißt deswegen Kaimanfisch.

ORDNUNG KAHLHECHTE: der Kahlhecht ist die einzige überlebende Art einer Gruppe mit altertümlichen Merkmalen. Er lebt an starkbewachsenen flachen See- und Flußufern und heißt deswegen auch Schlammfisch. Er zeigt eine ausgeprägte Brutpflege, wobei sich beide Geschlechter beim Bewachen ablösen.

ORDNUNG AALFISCHE: im wesentlichen nur der Amerikanische Aal mit ähnlichen Wandergewohnheiten wie unsere einheimische Art. Er pflanzt sich ebenfalls in der Sargassosee fort, allerdings etwas weiter im Südwesten. Der Amerikanische Aal ist nur von geringer wirtschaftlicher Bedeutung.

ORDNUNG LACHSFISCHE: meist langgestreckte Raubfische mit kleinen Schuppen und einer Fettflosse zwischen Schwanz- und Rückenflosse. Der atlantische Lachs kommt auch in Nordamerika vor. Die Pazifischen Lachse entwickeln zur Brutzeit einen hohen Rücken und heißen deswegen auch Buckellachse. Zur Laichzeit ziehen sie in die Binnengewässer und zeigen dann ihr prächtig rotes Hochzeitskleid. Aus der Kreuzung mehrerer nordamerikanischer Forellenarten ist wahrscheinlich unsere Regenbogenforelle entstanden. Ebenfalls eingeführt bei uns wurde der amerikanische Bachsaibling. In Nordamerika leben große amerikanische Seesaiblinge mit 50 kg Gewicht, ferner Renken oder Maränen, nahe Verwandte unserere Äsche sowie der Weißlachs. In Nordamerika kommt auch die größte Hechtart mit dem eigentümlichen einheimischen Namen Muskellunge vor. Im Norden treffen wir auch Hundsfische an, darunter auch den Fächerfisch, der in Alaska lebt und eingefroren im Schlamm den Winter überdauert.

ORDNUNG KARPFENFISCHE: eine der größten Fischgruppen. Die meisten Arten können Geräusche erzeugen und mit Hilfe der Weberschen Knöchelchen Töne hören; diese verbinden die Schwimmblase mit dem Hörorgan. Die Salmler, die in Südamerika mit ungefähr tausend Arten vertreten sind, haben ihre nördliche Verbreitungsgrenze gerade am Südrand der Vereinigten Staaten. In Nordamerika leben dafür besonders viele Weißfische, ungefähr 220 Arten, also rund doppelt so viele wie in Eurasien. Die meisten sind klein, langgestreckt, mit endständigem Mund. Viele Tiere ähneln unseren Arten. Am artenreichsten sind die sogenannten Shiner, ferner Orfen, Elritzenverwandte, Schwarznasen, und erst vor kurzem wurden einige Wüstenweißfische entdeckt, die nur im Quellgebiet weniger Flüsse vorkommen. Die Familie der Sauger umfaßt kleine bis große, spindelförmige bis hochrückige Arten mit fleischigen Lippen, die eine Saugscheibe bilden.

ORDNUNG WELSE: sehr vielgestaltige Gruppe, meistens Bodenbewohner ohne Schuppen und mit langen Barteln. In Nordamerika hauptsächlich die Katzenwelse in zahlreichen Arten. Der gewöhnliche Katzenwels wurde auch bei uns eingeführt, fand aber keine große Verbreitung.

ORDNUNG BARSCHLACHSE: kleine Fische, Bauchflosse hinter den Brustflossen gelegen, bisweilen mit Fettflosse. Hierher gehören vor allem mehrere bleiche, blinde Fische aus nordamerikanischen Höhlen; sie sehen den Kärpflingen sehr ähnlich, sind lebendgebärend und zeigen oft eigenartige Formen der Brutpflege. Ferner der unscheinbare, aber hochinteressante Piratenbarsch sowie die beiden bisher bekannten Arten der Barschlachse.

ORDNUNG FROSCHFISCHE: Kopf groß, abgeplattet, Maul groß. Körper nach hinten stark zugespitzt. Die bewegungsunlustigen Krötenfische wandern vom Meer ins Süßwasser. Sie geben einen grunzenden Ton von sich, und ihr Stich ist äußerst schmerzhaft.

ORDNUNG DORSCHFISCHE: umfaßt ausschließlich Meeresbewohner, von denen einige jedoch auch in Küstengewässer und Flußmündungen eindringen und zu Süßwasserbewohnern werden. Das gilt vor allem für den Tomcod. Eine einzige Art ist ganz zum Süßwasserleben übergegangen, die Aalquappe oder Rutte, deren Verbreitung sich über Europa, Nordasien und Nordamerika erstreckt.

Familie Ährenfische: Sehr vielgestaltige Gruppe, darunter vor allem die Zahnkärpflinge mit ihrer großen äußeren und ökologischen Vielfalt. Zu den berühmtesten Arten gehören der Todestalkärpfling und die nordamerikanischen Quellkärpflinge mit äußerst reduzierter Verbreitung.

ORDNUNG STICHLINGE: in Nordamerika kommen unter anderem auch zwei europäische Arten vor, der Dreistachlige Stichling und der Neunstachlige Stichling.

ORDNUNG BARSCHE: eine sehr vielgestaltige Gruppe, Rückenflosse vorne mit weichen, hinten mit harten Stacheln. Einige Sägebarscharten, die mit unserem geschätzten Seebarsch nahe verwandt sind, leben an den Küsten und in den Flußmündungen und steigen sogar bis ins Zentrum des Subkontinents auf. Eine große Gruppe mit 30 Arten bilden die Sonnenbarsche, gedrungene, seitlich zusammengedrückte, hochrückige Tiere. Zwei Arten unter ihnen wurden auch bei uns eingeführt, der Forellenbarsch und der Sonnenbarsch. Ferner gibt es eine ganze Reihe neuweltlicher echter Barsche, zum Beispiel Gelbbarsch, ein Verwandter unseres Flußbarsches, der Glasaugenbarsch, ein Verwandter unseres Zanders und einer der beliebtesten Sportfische, Grundbarsche oder Darter mit lebhafter Balz und wundervollem Hochzeitskleid. Der Süßwasser-Trommelfisch gibt, wie sein Name verrät, laute Töne von sich. Wie bei uns wandern Meeräschen auch ins Brack- und Süßwasser ein.

KLASSE LURCHE: auch Amphibien genannt, wechselwarm, feuchte, schleimige Haut ohne Schuppen, Entwicklung über wasserbewohnende Larven, erwachsene Tiere im Wasser oder meist auf dem Lande in feuchten Lebensräumen. Besonders in Amerika gibt es Arten, die nie eine Metamorphose durchmachen, sondern stets ihr Larvenkleid beibehalten und darin auch zur Geschlechtsreife gelangen. Der Zoologe spricht in diesem Fall von Neotenie.

ORDNUNG SCHWANZLURCHE: erwachsene Tiere mit Schwanz. In Nordamerika eine große Vielfalt, insgesamt 112 Arten, darunter drei Familien, die sonst nirgendwo mehr vorkommen, nämlich Armmolche, Querzahnmolche und Aalmolche. Die größte Form stellt der amerikanische Riesensalamander oder Hellbender dar. Er wird bis 75 cm lang und lebt ausschließlich in klaren, schnellfließenden Flüssen mit steinigem Untergrund. Drei Armmolch-Arten, aalähnlich, netenisch, keine Hinterbeine, winzige Vorderbeine, nächtliche Lebensweise, übersömmern in Schlammlöchern. Aus der Familie der Salamander sechs Wassermolch-Arten, Haut nicht schleimig, sondern grobgerunzelt, hübsche, oft orangefarbene Tiere. Unter den Olmen fünf Arten neotenischer Furchenmolche mit dichten büscheligen Kiemen. Drei Aalmolch-Arten, nächtliche Lebensweise, Metamorphose unvollständig, Kiemenschlitz bleibt bestehen, Kiemen sonst verschwunden, die Arten werden nach der Zahl der Zehen unterschieden. Zahlreiche Arten von Querzahnmolchen, darunter auch einige neotenische Arten. Die Lungenlosen Salamander umfassen in Nordamerika 80 Arten, zum Beispiel Roter Riesensalamander, Wurmsalamander, Bachsalamander, Gelbsalamander, Schleuderzungensalamander, Waldsalamander. Eine Besonderheit ist der blinde weiße Brunnenmolch, eine neotenische Form in unterirdischen Gewässern eines einzigen Höhlensystems. Er ernährt sich von Wirbellosen, die ihrerseits die Abfälle von Fledermäusen verzehren.

ORDNUNG FROSCHLURCHE: erwachsene Tiere ohne Schwanz, oft mit Sprungbeinen. In Nordamerika kommen rund 80 Arten vor. Der urtümliche Schwanzfrosch hat noch Rippen, fällt aber äußerlich sonst kaum auf, es sei denn durch seinen »Schwanz«, der in Wirklichkeit ein birnenförmiges Kopulationsorgan darstellt. Er lebt in kalten, schnellfließenden Bergbächen. Seine Kaulquappen saugen sich mit dem Mund an der Unterlage fest. Die Nasenkröte kommt noch im äußersten Süden von Texas vor. Sie bläst sich bei Bedrohung auf und frißt vor allem Termiten. Die fünf Schaufelfuß-Arten entwickeln sich in zeitweiligen Regenpfützen und brauchen deswegen bis zur Metamorphose nur sehr wenig Zeit, im äußersten Fall nur zwei Wochen. Die erwachsenen Tiere vergraben sich tagsüber im Boden. Die echten Frösche umfassen 21 Arten, ähnliche Formen wie bei uns, am bemerkenswertesten der bis 20 cm lange Ochsenfrosch, der sogar Schlangen und Vögel angreift. Drei Arten sehr kleiner Engmund-Frösche, Hinterfüße mit verbreiterten Höckern zum Graben im Boden. Die bekannteste der 18 Krötenarten ist die Aga-Kröte, die noch im äußersten Süden der Vereinigten Staaten wild vorkommt. Sie wurde zur Bekämpfung von Zuckerrohrschädlingen in viele tropische Länder eingeführt, darunter auch in Australien, wo sie heute zu einem Schädling geworden ist. 26 Laubfroscharten mit ähnlichen Formen wie bei uns. Aus Südamerika sind 7 Arten von Südfröschen zugewandert. Die Männchen tun sich teilweise zu Gruppen zusammen und singen im Chor.

KLASSE KRIECHTIERE: auch Reptilien genannt, wechselwarm, Haut trocken, Schuppen oder Schilder, die Tiere häuten sich regelmäßig.

ORDNUNG SCHILDKRÖTEN: insgesamt 48 Arten auf dem Festland und in den Binnengewässern. Die Schnappschildkröte und die Geierschildkröte leben fast ausschließlich im Wasser, schwimmen aber kaum, sondern wandern auf dem Gewässerboden umher. Besonders die Schnappschildkröte kann mit einem Biß einen Daumen abtrennen. Die fünf wasserbewohnenden Klappschildkröten und die landbewohnende Dosenschildkröte können ihre beiden Panzeröffnungen mit einer Art Scharnier verschließen. Aus der Familie der Sumpfschildkröten treffen wir 26 Arten an, darunter Zierschildkröten und Schmuckschildkröten, die zu Hunderttausenden im Tierhandel angeboten werden. Unter den eigentlichen Landschildkröten tritt nur die Gopherschildkröte in den Steppen- und Wüstengebieten auf. Sie frißt im wesentlichen fleischige Pflanzen.

ORDNUNG KROKODILE: altertümliche, oft riesengroße Tiere mit eidechsenartiger Gestalt. In Nordamerika kommen zwei Arten wild vor. Der Mississippi-Alligator kommt von der Südküste bis ziemlich weit ins Land hinein vor. Er spielt eine wichtige Rolle in der Ökologie seiner Lebensräume, denn in Trockenzeiten gräbt er tiefe Löcher, in denen andere Wildtiere Wasser finden, um ihren Durst zu löschen. Das Spitzkrokodil lebt in den Sümpfen an der Südspitze Floridas. Der Krokodil-Kaiman wurde in den vergangenen 20 Jahren in vielen tausend Exemplaren als Heimtier eingeführt. Einige davon sind verwildert und leben heute in Bewässerungsgräben in Florida.

ORDNUNG ECHSEN: Haut mit Schuppen und Schildern bedeckt, meist vier wohlausgebildete Beine, in Nordamerika durch 115 Arten in sieben Familien vertreten, ungefähr zehn Gecko-Arten, darunter einige eingebürgerte. 44 Leguan-Arten, darunter viele Anolis, der Wüstenleguan, die äußerst stacheligen Krötenechsen, 16 Stachelleguan-Arten; der Grüne Leguan lebt eingebürgert nur in Florida. Die Familie der Schleichen ist durch drei fußlose Grasschleichen, ähnlich unserer Blindschleiche, und durch fünf Krokodilschleichen mit normal ausgebildeten Beinen vertreten. Die größte Echse ist die plumpe Gila-Krustenechse; sie hat am Unterkiefer Giftdrüsen, spritzt ihr Gift aber nicht durch einen hohlen Zahn, sondern durch Kaubewegungen ein. Die fußlose, blindschleichenähnliche Ringelschleiche ist die einzige Vertreterin einer besonderen Familie. Die 18 Nachtechsen-Arten erinnern in ihrem Aussehen etwas an Geckos. Die 16 Rennchsen, die nur in der Neuen Welt vorkommen, vertreten hingegen unsere Eidechsen. Von der großen Familie der Skinke kommen nur 15 Arten vor, darunter der Breitkopf-Skink mit seinem auffälligen roten Kopf. Ein ganz gesonderes Tier ist die Florida-Doppelschleiche, regenwurmähnlich, blaß, ein Bodenwühler, der bei heftigen Regenfällen gelegentlich zur Bodenoberfläche gelangt.

ORDNUNG SCHLANGEN: stets fußlose Tiere. In Nordamerika 115 Arten, darunter 17 giftige. Die beiden Schlankblindschlangen sind wurmförmig, nachtaktiv, graben im Boden und fressen Ameisen oder Termiten. Die beiden Boas sind recht klein und erreichen kaum 1 m Länge. Die weitaus größte Gruppe stellt die Familie der Nattern dar. In ihr sind alle möglichen ökologischen Typen vertreten, Baumbewohner, Bodenbewohner, Wasserbewohner und grabende Formen. Am bekanntesten sind die Rattenschlange und die äußerst variable Kettennatter, die auch Jagd auf andere Schlangen macht und sogar Klapperschlangen überwältigt. Die Dreiecksnatter zeigt eine gewisse Ähnlichkeit mit giftigen Korallenschlangen und genießt dadurch Schutz vor Feinden. Diese Erscheinung nennt man Mimikry. Giftig sind vor allem die äußerst bunten Korallenschlangen, der Kupferkopf, die Wassermokassin-Schlange sowie die 13 Klapperschlangenarten.

KLASSE VÖGEL: gleichwarme eierlegende Tiere mit Federn, Vorderbeine zu Flügeln umgewandelt.

ORDNUNG LAPPENTAUCHER: Wasservögel mit spitzem Schnabel, Zehen verbreitert, nicht mit Schwimmhäuten verbunden, Füße weit hinten am Körper gelegen. Sechs Arten, darunter Ohrentaucher, Schwarzhalstaucher, Bindentaucher, Renntaucher, Rothalstaucher.

ORDNUNG SEETAUCHER: Wasservögel mit vollständiger Schwimmhaut zwischen den Zehen, starker, zugespitzter Schnabel, vier prächtig gefärbte Arten, auch in Europa und Asien, nämlich Prachttaucher, Eistaucher, Gelbschnabel-Eistaucher und Sterntaucher.

ORDNUNG STURMTAUCHER: Hochseevögel mit starkem, hakigem Schnabel, verbringen den größten Teil ihres Lebens fliegend und gehen nur zum Brüten an Land. In Nordamerika brüten zwei Sturmvögel, darunter der Eissturmvogel, der auch in Europa vorkommt. Sonst sind als Gäste drei Albatrosarten und vier Sturmschwalben anzutreffen.

ORDNUNG PELIKANVÖGEL: vielgestaltige Gruppe von Wasservögeln, Füße mit Schwimmhäuten. Die eleganten Tropikvögel mit ihren langen Schwanzfedern sind gelegentlich auch an nordamerikanischen Küsten zu sichten. Zwei Arten von Pelikanen, der weiße Nashorn-Pelikan mit dem Aufsatz auf dem Oberschnabel, und der Braune Pelikan, ein äußerst gewandter Sturmtaucher. Sechs Arten von Kormoranen, die von der Wasseroberfläche aus nach Fischen tauchen, darunter Ohrenscharbe, Pinselkormoran und Nordamerikanischer Kormoran. Der amerikanische Schlangenhalsvogel hat einen sehr langen, biegsamen Hals und einen spitzen dolchartigen Schnabel. Unter den Tölpeln brütet nur der auch in Europa anzutreffende Basstölpel, weitere vier Arten als Besucher.

ORDNUNG REIHER: langschnäbelige, langbeinige, große Vögel mit gemessenem Schritt, ausschließlich Fleischfresser. 12 Reiherarten, darunter der Amerikanische Graureiher, Silberreiher, Schmuckreiher, Grünreiher, Kuhreiher, Blaureiher, Dreifarbenreiher, Nachtreiher, Indianerdommel und Rohrdommel. Die einzige Storchenart ist der Amerika-Nimmersatt, der von den Amerikanern »Waldstorch« genannt wird. Die vier Ibisarten sind der Brillensichler, der Weiße Sichler, der Kleine Löffler und der wundervolle Rosalöffler.

ORDNUNG GÄNSEVÖGEL: überwiegend Wasservögel, meist mit Schwimmhäuten, Hals ziemlich lang, Schnabelseiten mit Hornlamellen. Sehr viele entsprechende Arten wie bei uns: Pfeifschwan und Trompeterschwan; Bläßgans, Saatgans, Kanadagans und die eigentümliche Pfeifgans; unter den Enten viele Formen wie bei uns, zum Beispiel Stockente, Krickente, Schnatterente, Spießente, Löffelente, Eiderente, Samtente, Eisente, Schellente; unter den Sägern Gänsesäger, Mittelsäger.

ORDNUNG GREIFVÖGEL: meist große Tiere mit breiten Flügeln, gute Segler, Hakenschnabel, Greiffüße mit scharfen Krallen. Die neuweltlichen Geier sind mit drei Arten vertreten, dem Rabengeier, dem Truthahngeier und dem Kalifornischen Kondor, der leider am Aussterben ist. Unter den Habichtartigen zählen wir 22 Arten, darunter Weihen, Rundschwanz- und Eckschwanz-Sperber, Gleitaar und Streitaar, Steinadler und Weißkopf-Seeadler, das Wappentier der Vereinigten Staaten, der Amerikanische Habicht sowie besonders viele Bussarde, etwa Rotschwanzbussard, Königsbussard, Graubussard, Rotschulterbussard, Weißschwanzbussard, Präriebussard, Wüstenbussard, Schwarzbussard. Die Falken sind mit sechs Arten und einer Caracara-Art vertreten; eine holarktische Verbreitung zeigen zum Beispiel Merlin und Wanderfalke. Der kosmopolitische Fischadler kommt auch in Nordamerika vor.

ORDNUNG HÜHNERVÖGEL: vielgestaltige Gruppe, überwiegend Bodentiere, meistens schlechte Flieger, größte Verbreitung in Asien. In Südtexas kommt ein Hokko-Huhn vor, der Braunflügel-Guan. Abgesehen vom Truthun, das heute mancherorts schon ausgestorben ist, sind die Präriehühner wegen ihrer beeindruckenden Balz wohl am bekanntesten, zum Beispiel das Beifußhuhn und das Schweifwaldhuhn. In Nordamerika leben auch das Alpenschneehuhn und das Moorschneehuhn. Anstelle unserer Wachteln und Rebhühner finden wir die Gruppe der Zahnwachteln, zum Beispiel die Kalifornische Schopfwachtel, die Helmwachtel und die Virginiawachtel, die für ihre Schlafgesellschaften in Igelstellung bekannt ist.

ORDNUNG KRANICHVÖGEL: sehr vielgestaltige Vogelgruppe mit ganz unterschiedlichen Formen, Schreitbeine, in offenen Lebensräumen. In Nordamerika ist die Gruppe nicht sehr reich vertreten. Unter den Rallen neun Arten, darunter Klapperralle, Zwergralle, Teichhuhn, Sultanshühnchen und Bläßhuhn. Unter den Kranichen zwei Arten, die in Nordamerika brüten, der relativ häufige Kanadische Kranich und der heute äußerst seltene Schreikranich. Der Rallenkranich bildet eine eigene Familie; er ist sehr ruffreudig und frißt fast nur große Kugelschnecken, die er in seichtem Wasser fischt.

ORDNUNG WATVÖGEL: unterschiedlich aussehende Tiere, die dennoch miteinander verwandt sind und die in der Nähe des Wassers vorkommen. In Nordamerika sehr viele entsprechende Formen wie bei uns. Die Wassertreter mit dem hochnordischen Thorshühnchen und dem Odinshühnchen. Unter den Schnepfen 36 Brutvögel, zum Beispiel Prärieläufer, Brachvogel, Pfuhlschnepfe, Flußuferläufer, mehrere Schnepfenarten, Alpenstrandläufer, Knutt und Sanderling. Die Säbelschnäbler mit zwei Arten, die Regenpfeifer mit neun, die Austernfischer mit zwei Arten, darunter auch unserer einheimischen. In höheren Breiten leben fünf Arten von Raubmöwen, darunter Kleine Raubmöwe, Mittlere Raubmöwe und Schmarotzerraubmöwe. Die Familie der Möwen ist mit 31 brütenden Arten vertreten, die eigentlichen Möwen überwiegend im Norden, die Seeschwalben eher im Süden. Eine zirkumboreale Verbreitung zeigen zum Beispiel Eismöwe, Sturmmöwe, Mantelmöwe, Silbermöwe, Dreizehenmöwe und Schwalbenmöwe. Typisch amerikanische Arten sind die Aztekenmöwe, die Franklinmöwe und die Beringmöwe. Unter den Seeschwalben viele Arten, die es auch bei uns gibt. Ein außergewöhnliches Tier ist der Schwarze Scherenschnabel; sein Unterschnabel ist viel länger als der Oberschnabel; bei der Nahrungssuche fliegt er knapp über der Wasseroberfläche und taucht den Unterschnabel ins Wasser ein. Fast alle Alkenarten der Welt kommen auch in Nordamerika vor, insgesamt sind es 20; mit Europa gemeinsame Arten sind Dickschnabel-Lumme, Trottellumme, Tordalk, Gryllteiste und Papageitaucher.

ORDNUNG TAUBENVÖGEL: gute Flieger mit auffallender Stimme. In Nordamerika nur acht einheimische und drei eingebürgerte Arten. Die Wandertaube war einst einer der häufigsten Vögel, wurde zu Beginn unseres Jahrhunderts aber ausgerottet. Mehrere Arten von Turteltauben.

ORDNUNG PAPAGEIEN: unverkennbare Baumvögel mit starkem Schnabel. Kletterfüße, dickfleischige Zunge. Einst brütete eine einzige Art in Nordamerika nördlich von Mexiko, der Karolina-Sittich, der heute ausgerottet ist.

ORDNUNG KUCKUCKSVÖGEL: Baumvögel mit langem Schwanz, sechs Arten, darunter aber keine Brutparasiten. Am bekanntesten ist wohl der Erdkuckuck, der äußerst schnell läuft und kaum je fliegt. Die Anis leben und brüten gesellig.

ORDNUNG EULEN: nächtliche Greifvögel mit großem Kopf und geräuschlosem Flug. Viele entsprechende Arten wie bei uns, zum Beispiel Schleiereule, Amerikanischer Uhu, Schnee-Eule, Sperbereule, Elfenkauz, Streifenkauz, Sumpfohreule, Rauhfußkauz, Waldohreule. Die Kanincheneule verwendet als Brutplatz verlassene Säugerbaue.

ORDNUNG NACHTSCHWALBEN: Nachtvögel mit weitem Schnabel, eulenähnliches Gefieder, schwer zu beobachten. Sechs Ziegenmelkerarten, am bekanntesten der Poor-Will, weil dieser Vogel in Kältestarre fallen kann.

ORDNUNG SEGLER: schwalbenähnliche, sehr gute Flieger, lange spitze Flügel. Vier Arten, darunter der Kaminsegler.

ORDNUNG KOLIBRIS: kleine bis sehr kleine, sehr typische Vögel, Schwirrflug, Blütenbesucher, die Nektar und Insekten fressen, oft äußerst bizarres und farbenprächtiges Gefieder. Verbreitungsschwerpunkt in Südamerika. In Nordamerika brüten 15 Arten, darunter Breitschwanzkolibri, Rubinkehlkolibri und Fuchskolibri.

ORDNUNG TROGONS: bunte Vögel mit Schmuckfedern, in Südamerika verbreitet, im südlichen Gebiet der Vereinigten Staaten nur der Kupferschwanztrogon.

ORDNUNG RACKENVÖGEL: vielgestaltige Gruppe, in Nordamerika nur durch drei Eisvogelarten vertreten, darunter der Nordamerikanische Großfischer.

ORDNUNG SPECHTVÖGEL: umfaßt in Nordamerika im wesentlichen ähnliche Arten wie bei uns, zum Beispiel Goldspecht, Haubenschwarzspecht und Saftlecker. Am eigentümlichsten verhält sich wohl der Eichelspecht, denn er schlägt in Baumrinden viele genau abgezirkelte Löcher und steckt Eicheln als Nahrungsvorrat hinein. Der Gilaspecht brütet oft im Innern hoher Kakteen.

ORDNUNG SPERLINGSVÖGEL: die bei weitem größte Gruppe der Vögel, kleine bis mittelgroße Tiere, im wesentlichen Baumvögel, die Insekten fressen und kunstvolle Nester errichten. Junge durchwegs Nesthocker. Viele Formen sind uns von Europa her vertraut und kommen in den gleichen oder entsprechenden Lebensräumen vor. Daneben gibt es auch Familien, die bei uns völlig fehlen. Es ist hier nur eine summarische Aufzählung möglich: 31 Tyrannen-Arten, Schnabel breit und flach, in der Spitze leicht hakig, warten im Ansitz auf vorbeifliegende Insekten. Unter den Lerchen nur die Ohrenlerche. Acht Schwalbenarten, darunter Uferschwalbe und Rauchschwalbe. Fünf Stelzen, darunter unsere einheimischen Wasserpieper. Zwei Würgerarten, darunter der Raubwürger. Zwei Arten von Seidenschwänzen sowie der eigentümliche Seidenschnäpper im südlichsten Teil der Vereinigten Staaten. Eine Wasseramsel und zehn Zaunkönigarten. Unter den rein amerikanischen Spottdrosseln fallen besonders die eigentliche Spottdrossel mit ihrem melodischen Gesang und die Katzendrossel auf, deren Warnschrei einem Katzenruf ähnelt. Von der überwiegend altweltlichen Familie der Fliegenschnäpper kommen nur 18 Arten vor, darunter zwei Goldhähnchen sowie 13 Drosseln, insbesonders die häufige Wanderdrossel, das »Rotkehlchen« der Amerikaner. Die Meisen mit zwölf, die Kleiber mit vier und die Baumläufer mit einer Art, einer Rasse unseres Waldbaumläufers. Unter den Ammern und Finken brüten 72 Arten in Nordamerika, darunter auch zirkumpolare Tiere wie Sporn- und Schneeammer. Am auffälligsten die meist bunten Kardinäle, besonders der Rote Kardinal, der auch auf den Hawaii-Inseln eingebürgert wurde und sich dort zu einem argen Schädling entwickelte. Auf Amerika beschränkt sind die Tangaren. Unter den Finken finden wir jedoch vertraute Formen wie Zeisige, Girlitze, Gimpel und Kreuzschnäbel. Die rein amerikanische Familie der Waldsänger ist mit 52 Arten vertreten. Die zwölf Vireo-Arten erkennt man am hakenförmig gekrümmten Schnabel. Von den rein amerikanischen Stärlingen mit ihrer großen Vielfalt sind 19 Arten heimisch: am bekanntesten ist der Nordamerikanische Kuhstärling mit seinem hochentwickelten Brutparasitismus. Unter den Webervögeln wurden Haus- und Feldsperling eingeschleppt. Auch unser Star kommt heute in Nordamerika vor. Die Familie der Rabenvögel umfaßt 15 Arten, darunter Elster, Kolkrabe, einige Krähen und vor allem der auffällig gefärbte Blauhäher.

KLASSE SÄUGETIERE: Die Jungen werden mit Milch aus besonderen Drüsen ernährt, typische Gebißformen, Haarkleid mit wenigen Ausnahmen, Schweißdrüsen.

ORDNUNG BEUTELTIERE: die Jungtiere werden sehr klein geboren und kommen in eine Hautfalte, den Beutel, wo sie Milch von Zitzen saugen und langsam heranwachsen. Außerordentlich vielgestaltige Gruppe, Hauptverbreitung in Australien, einige Formen in Südamerika, und von diesen ist das Opossum nach Nordamerika eingewandert. Es besiedelt die östliche Hälfte der Vereinigten Staaten und die Westküste. Es ist nachts aktiv, einzelgängerisch und im wesentlichen ein Aas- und Fruchtfresser. Sein Fleisch gilt bei manchen Jägern als Delikatesse.

ORDNUNG INSEKTENFRESSER: überwiegend kleine, vielgestaltige Tiere, mehr oder weniger ausgeprägte rüsselförmige Schnauze, Zähne mit scharfen Spitzen, vorwiegend Kleintierfresser, an den Beinen 5 Finger bzw. Zehen. In Nordamerika leben 20 Spitzmausarten sowie sieben Maulwürfe mit ähnlicher Lebensweise wie unsere einheimische Art.

ORDNUNG FLEDERMÄUSE: gute Flieger mit umgebauten Vordergliedmaßen, Orientierung durch Ultraschall-Peilung. In Nordamerika insgesamt 40 Arten, die meisten fressen Insekten, einige besuchen allerdings auch Blüten und nehmen Pollen und Nektar auf, zum Beispiel die Langnasen-Fledermaus. Der Kleine Blutsauger öffnet mit seinen Zähnen die Haut von Vögeln und Säugern und leckt das austretende Blut auf. Er kommt aber nur im südlichen Teil von Texas vor.

ORDNUNG ZAHNARME: umfaßt sehr unterschiedlich gebaute Tiere mit reduziertem eigentümlichen Gebiß (Name!). Von Südamerika ist nur das Neunbinden-Gürteltier zugewandert. Es kommt in der ganzen südlichen Hälfte der Vereinigten Staaten vor.

ORDNUNG NAGETIERE: vielgestaltige Gruppe, meißelförmige, dauernd nachwachsende Schneidezähne, in allen Lebensräumen und mit vielen Lebensformen vertreten. Hier ist nur eine Aufzählung der wichtigsten Arten möglich. Das Stummelschwanzhörnchen ist die Vertreterin einer eigenen urtümlichen Gruppe. 63 Hörnchenarten, darunter Chipmunks, Murmeltiere, zahlreiche Ziesel, sehr viele Streifenhörnchen, das Grauhörnchen, eines der nächsten Verwandten unseres Eichhörnchens, Gleithörnchen, Präriehund. Taschenratten, Känguruhmäuse und Känguruhratten. Insgesamt 70 Wühler-Arten, in allen Lebensräumen vertreten, darunter Riesenratte, Erntemäuse, Weißfußmäuse, Amerikanische Zwergmaus, Grashüpfermaus, Baumwollratten, Buschratten, Wüstenratten, Wühlmäuse, Lemminge. Von den altweltlichen echten Mäusen wurden die Haus- und die Wanderratte sowie die Hausmaus nach Amerika eingeschleppt und haben sich dort eingebürgert. Das stachelschweinartige Urson oder Baumstachler zeigt für ein Tier seiner Größe eine außergewöhnlich lange Trächtigkeit von sieben Monaten. An Gewässerufern begegnet man nicht selten dem Biber und der Nutria.

ORDNUNG HASENTIERE: nagetierähnlich, aber mit diesen nicht verwandt, vier obere Schneidezähne, zwei große und unmittelbar dahinter zwei kleinere. In Nordamerika leben drei Gruppen: Zwei meerschweinchenähnliche Pfeifhasenarten, die in großen Kolonien leben und gerne Lautäußerungen von sich geben. Acht Kaninchenarten, eingebürgert auch unser europäisches Kaninchen, sowie acht Hasenarten, darunter Schneeschuhhase, Kalifornischer Eselhase, Antilopenhase, Schneehase. Wie sehr viele andere europäische Tiere wurde auch unser einheimischer Feldhase nach Nordamerika eingeführt und hat sich dort halten könnten.

ORDNUNG RAUBTIERE: überwiegend größere Tiere, Raubtiergebiß mit Reißzähnen, mehrheitlich Fleischfresser. Viele auffällige Arten, von denen wir nur die wichtigsten nennen können. Koyote und Wolf. Eisfuchs, Rotfuchs, Kitfuchs und Graufuchs. Unter den Bären der Baribal, der Eisbär und der Braunbär, der in Nordamerika besser unter dem Namen Grizzly und Kodiakbär bekannt ist. Die Familie der Kleinbären ist durch Katzenfrett, Nasenbär und Waschbär vertreten. Sehr vielgestaltig die Familie der Marder mit Fichtenmarder, Fischermarder, Hermelin, Mauswiesel, Nerz, Vielfraß, Silberdachs, Streifenskunk oder Stinktier. Jaguar, Jaguarundi und Ozelot nur im südlichsten Teil der Vereinigten Staaten, weitverbreitet hingegen der Puma, Luchs und Rotluchs.

ORDNUNG SEEKÜHE: große, dicke, robbenähnliche Wassertiere, Haut nackt, vordere Gliedmaßen zu Flossen umgewandelt, Hinterflosse quergestellt, reine Vegetarier, die an einem Tag gut 30 kg Grünfutter verzehren. Nur eine Art, der Manati in Küstengewässern, der auch in die Binnengewässer eindringt.

ORDNUNG UNPAARHUFER: große Tiere mit einem oder drei Zehen. Die Unpaarhufer kommen ursprünglich nicht in Nordamerika vor. Das Pferd wurde von den spanischen Eroberern eingeführt und lebt heute, teilweise völlig verwildert, in abgelegenen Gebieten.

ORDNUNG PAARHUFER: mittelgroße bis sehr große Tiere, zwei Zehen an jedem Fuß, zwei oder vier Hufe, meist mit Hörnern oder Geweihen. Unser Wildschwein wurde eingebürgert. Seine ökologische Entsprechung in Nordamerika ist das Halsband-Pekari. Unter den Hirschen ist der Wapiti die größte Rasse unseres Rothirsches, ferner Schwarzwedelhirsch und Weißwedelhirsch, der das Vorbild für Bambi abgab, Elch und Karibu, die nordamerikanische Rasse unseres Rentiers. Die Gabelantilope ist die letzte Vertreterin einer sonst ausgestorbenen Familie. Bison, Schneeziege, Moschusochse, Dickhornschaf.

Bildnachweis

Ardea, London (J. Beames) 25, 31 u r, 68–69, (J. Daniels) 31 u l, (J. P. Ferrero) 18 u, (K. W. Fink) 2, 22–23, 41 o, 44 o r, 48–49, 49, 50, 61, 62, (F. Gohier) 52, (J. Mason) 19, 37 o r, (P. Morris)58, 74 o, (S. Roberts) 31 o, (J. Swedberg) 30, 66, (W. Weisser) 18–19, 46, 47 o r; Bruce Coleman, London (H. Albrecht) 71, (B. und C. Calhoun) 48, 70–71, (R. P. Carr) 34 l, 35, (J. Dermid) 12–13, (J. und Des Bartlett) 66–67, 67 u, (N. Devore) 18 o, (M. P. I. Fogden) 51 o, 60 o, (J. Foott) 22, 46–47, 52–53, 69 o, (K. Gunnar) 6–7, 23, (D. Hughes) 68, 72 l, (L. Lee Rue III) 36 o, 38, 39 u, 41u, 63 o, (J. Simon) 67 o, (L. M. Stone) 14–15, 70, (Stouffer Productions) 36 u, (R. Williams) 56, 62–63, (J. Van Wormer) 37 o l, 51 u, (J. Wright) 34 r; Jacana, Paris (R. König) 59 l, (J.Robert) 10–11, (J. P. Varin) 39 o, 57 o, 60 u, 72–73, (Varin-Visage) 40, 47 o l; G. Mazza, Monte Carlo 72 r, 75; The Natural History Photographic Agency, Saltwood (R. J. Erwin) 37 u, (B. Hawkes)24, (S. J. Kraseman) 8–9, (K. H. Switak) 57 u, (B. Wood) 69 u; Nature, Chamalieres (Chaumeton) 74 u, (F. Gohier) 44 o l, (Lanceau) 26, 59 r, (Lanceau-Visage) 28, 29, (A. Reille) 26–27, 27.

Stichwortverzeichnis